Petra Twardokus

Katzen in die Seele schauen

Petra Twardokus

Katzen in die Seele schauen

Erfahrungen einer Katzenpsychologin

KOSMOS

Inhalt

Liebe Katzenhalterin, lieber Katzenhalter,

zu Beginn möchte ich Sie um etwas bitten, was mir sehr am Herzen liegt: Bitte verwenden Sie nie mehr die Bezeichnung Katzen- oder Tierbesitzer. Katzen und andere Tiere sind Lebewesen, und die kann man nicht besitzen. Wenn an diesem Punkt bereits ein Umdenken stattfindet, ist schon sehr viel erreicht.
Besitzen kann man Gegenstände, von denen man zu Recht erwarten kann, dass sie funktionieren und die man ansonsten einfach umtauscht oder komplett zurückgibt. Bei einem Lebewesen sollte man eine solche Einstellung nicht haben, was jedoch leider allzu häufig vorkommt. Mangelndes Verständnis, fehlendes Einfühlungsvermögen sowie Unkenntnis über die wahren Bedürfnisse und Ansprüche einer Katze herrschen leider immer noch vor. Die meisten Menschen schaffen sich eine Katze an, ohne sich vorher ganz genau zu informieren, was sie braucht, welche Verpflichtungen man eingeht und was es zu berücksichtigen gilt. Manche Klienten erzählen mir, dass sie seit zwanzig Jahren Katzen haben, aber noch nie gehört hätten, was sie durch mich erfuhren.
Es gibt doch gerade in der heutigen Zeit wirklich gute Literatur über Katzen sowie spezielle Katzenzeitschriften und auch Tierpsychologen. Warum bildet man sich hier nicht weiter, während dies in vielen anderen Bereichen ganz selbstverständlich getan wird? Vieles kann man einfach nicht automatisch wissen, und auch das Halten von Katzen über Jahre bedeutet nicht, dass nicht immer wieder die gleichen Fehler gemacht werden oder dieselben Missverständnisse vorherrschen. Wir müssen alle einen Führerschein machen, um Auto fahren zu dürfen, aber jeder kann sich Kinder oder Tiere anschaffen, ohne sich wirklich damit auszukennen. Das ist wirklich schade, denn Lebewesen sind viel empfindsamer als ein Auto. Aufklärung ist daher wirklich der Hauptbestandteil meines Berufs.
Andererseits möchte ich hier ausdrücklich davor warnen, einfach ungefiltert sämtliche Informationen, die es am Markt gibt, einfach unzensiert zu konsumieren und zu glauben. Mir sträuben sich

nämlich immer wieder die Haare und ich werde wütend, wenn ich entdecke, was für altes, längst überholtes Wissen immer noch zum Nachteil der Tiere weiterverbreitet wird. Dazu gehören ebenso unqualifizierte Empfehlungen und Behauptungen. Was in manchen Artikeln oder Büchern steht, durch die Medien in die Welt gesetzt wird, von Tierärzten oder Tierheimpersonal geäußert oder von sogenannten Experten propagiert wird, ist manchmal unglaublich und absolut falsch. Natürlich glauben die meisten Menschen, die sich selbst eher für Laien halten, was irgendwo offiziell geschrieben steht oder von „Fachleuten" verkündet wird.

Bitte legen Sie jegliche Obrigkeitsgläubigkeit ab, und hören Sie auf Ihr Bauchgefühl. Viele Tierhalter haben zwar innerlich Zweifel aufgrund mancher Ausführungen, drängen diese innere Stimme dann aber leider doch zurück. Bitte lassen Sie immer Ihren gesunden Menschenverstand entscheiden. Glauben Sie auch mir nichts einfach so, sondern achten Sie auf Ihr Gefühl und probieren Sie es aus, wenn es für Sie stimmig ist. Es ist unfassbar, wie viele Tiere leiden müssen, weil sogenannte Fachleute definitiv falsch beraten. Da bieten Tierärzte an, eine Katze aufgrund von Unsauberkeit einzuschläfern. Da wird sofort empfohlen, die neue Katze wieder abzugeben, nur weil sich die bisherige nicht auf Anhieb mit ihr versteht, ohne eine Therapie versucht zu haben. Da rät ein Tierheim, doch einfach den eigenen Kater dort für einige Zeit abzugeben, um zu sehen, mit welchem Zweittier er sich verstehen könnte.

Würden Sie Ihr Kind in ein Kinderheim stecken, damit es sich einen Freund suchen kann? Abgesehen davon, dass man einem Kind den Aberwitz dieser Aktion noch erklären könnte und es keine Revieransprüche kennt. Ein Tier fühlt sich jedoch abgeschoben, verliert sein Zuhause und seine Menschen, kommt in eine völlig ungewohnte Umgebung mit fremden Gerüchen, fremden Menschen, fremden Tieren, fremden Gewohnheiten und soll sich dort ganz entspannt einen „Freund" aussuchen. Abgesehen davon, dass zu Hause in seinem angestammten Revier mit den eigenen Menschen alles wieder völlig anders aussähe. Durch solche Maßnahmen wird ein Trauma erzeugt, und Tiere werden einfach wie Versuchsobjekte behandelt.

Leider ist auch der Beruf des Tierpsychologen nicht unumstritten. Warum? Weil es dabei wie in jeder Berufssparte Scharlatane gibt, die ihr Handwerk nicht beherrschen oder aber aufgrund einer minderwertigen Ausbildung überhaupt nicht das entsprechende Wissen vermittelt bekommen haben. Wie können sowohl unqualifizierte Ausbilder als auch diesen Beruf nur unzureichend beherrschende Menschen es mit ihrem Gewissen vereinbaren, zu behaupten, angeblich Haltern und ihren Tieren helfen zu können, wenn sie dazu gar nicht in der Lage sind? Warum geben Tierärzte nicht zu, dass sie keine psychologische Zusatzausbildung haben, und empfehlen deshalb nicht einen Tierverhaltensberater? Ein verantwortungsbewusster Tierpsychologe empfiehlt doch auch einen vorherigen Tierarztbesuch, um sicherzugehen, dass es sich nicht um eine körperliche Ursache handelt. Warum sind viele Tierheimmitarbeiter selbst absolute Laien, geben aber ganz ungeniert falsche Ratschläge?
Wenn ich nicht schon so viele schlimme und haarsträubende Geschichten zu hören bekommen hätte, würde ich es niemals wagen, solche Behauptungen aufzustellen. Leider ist das aber die Realität, und es handelt sich wohl auch nicht nur um Einzelfälle. Selbstverständlich möchte ich es aber auch nicht verallgemeinern, denn natürlich gibt es viele absolut qualifizierte und verantwortungsbewusste Menschen in allen genannten Berufssparten, die im Sinne der Tiere handeln und viel Gutes bewirken.
Gerade in der heutigen Zeit nehmen Katzen für ihre Halter eine ganz besondere Rolle ein, mit der sie jedoch oftmals einfach überfordert sind. Falsch verstandene Tierliebe oder Vermenschlichung hat nicht selten unbewusst nur die Befriedigung eigener Wünsche zum Ziel. Es geht dann eher um Egoismus, Eigennutz, Rücksichtslosigkeit, Uneinsichtigkeit und Unbeherrschtheit. So kann eine Katze mitunter unabsichtlich regelrecht gequält werden, obwohl dies nicht immer auf den ersten Blick ersichtlich ist oder körperlich geschieht.
Haustiere sind uns Menschen ausgeliefert. Sie können sich in der Regel nicht selbst ihr Zuhause oder ihre Mitbewohner aussuchen, außer wenn sie tatsächlich jemandem zulaufen. Sie können ihr

Heim auch nicht einfach selbstständig verlassen, wenn sie sich dort nicht wohlfühlen, außer sie sind Freigänger und haben die Chance, wegzulaufen.

Ich persönlich empfehle immer nur im äußersten Notfall, und wenn zuvor wirklich erst alles versucht wurde, ein Tier abzugeben. Eine Katze hat bei einem anderen Menschen, mit anderen Lebensumständen, in einem anderen Umfeld oftmals die entsprechenden Probleme nicht mehr. Es handelt sich immer um eine einzigartige Lebenskonstellation, und zudem reagiert jede Katze anders auf die gleichen Umstände.

Ich selbst mache in der Regel keine Hausbesuche, weil ich eine scheue Katze nicht zu sehen bekäme, eine unsaubere nicht in der einen Stunde, wo ich da bin, unsauber wäre, und wenn, ich trotzdem nicht unbedingt wüsste, warum. Meine Arbeitsweise ist da eher etwas analytischer. Ich gehe mit dem mir geschilderten Fall regelrecht in Klausur und lasse ihn wie einen Film vor meinem geistigen Auge ablaufen. An der Stelle, an der der Film stoppt, muss ich genauer nachhaken, weil mir dort nähere Informationen fehlen. Dies tue ich mit einem für jeden Fall individuell ausgearbeiteten Fragenkatalog, mit dessen Hilfe ich vom Halter alles über das Wesen der Katze, die Persönlichkeit, den Charakter, das Verhalten in bestimmten Situationen, Vorlieben und Abneigungen, Vorkommnisse, Veränderungen etc. erfahre, um mir ein ganz genaues Bild machen zu können. All das kann ich einer Katze nicht von der Nasenspitze ablesen, wenn ich sie sehe.

Es ist ein bisschen wie Detektivarbeit, und für mich ist diese Vorgehensweise weitaus effektiver. Bei einem Besuch vor Ort kann ich nicht wirklich viel erkennen, bin abgelenkt durch ein unruhiges Umfeld, wie Telefon, Türklingeln, spielende Kinder, einen hinzukommenden Ehemann. Da würden mir auch nicht aus dem Stegreif mal so eben 50 Fragen einfallen. Hinzu kommt, dass ich die Erfahrung gemacht habe, dass sich die Halter viel mehr Gedanken machen, wenn sie etwas schriftlich anstatt verbal beantworten. Sie setzen sich dann intensiver damit auseinander, es kommen konkretere Antworten, und oftmals fällt ihnen durch Überlegen etwas ein, an das sie gar nicht mehr gedacht hatten. Schließlich kann je-

de Information für mich wichtig sein. Auch die Art und Weise, wie sich jemand ausdrückt, also die Wortwahl, ist sehr aufschlussreich, und es gibt einiges zwischen den Zeilen zu lesen.
Ich gebe zu, dass dazu einiges an Menschenpsychologie gehört, aber da ich mich lange mit menschlicher Persönlichkeitsentwicklung beschäftigt habe, ist dies für mich kein Problem. Nur mit den richtigen Fragen und entsprechendem Hinterfragen erfahre ich alles, was ich wissen muss, um mir ein genaues Bild machen zu können. Dazu gehört selbstverständlich, Fehlinterpretationen des Halters zu erkennen und richtigzustellen. Manche Katzenhalter schreiben bei der Beantwortung des Fragenkatalogs ganze Romane, wobei es dann gilt, die Spreu vom Weizen zu trennen. Andere dagegen geben kurze, wenig aussagekräftige Antworten und können manches gar nicht beantworten, was wiederum ebenso Rückschlüsse zulässt.
Ich möchte betonen, dass die Vorgehensweise in der Hundepsychologie eine völlig andere ist, und dass dabei Hausbesuche unabdingbar sind. Hunde kann man manipulieren und das entsprechende Verhalten provozieren, was bei Katzen nicht funktioniert. Zudem muss man das genaue Zusammenspiel zwischen Halter und Hund sowie unter Umständen die menschlichen Verhaltensfehler erkennen können. Selbstverständlich gibt es auch viele Katzenpsychologen, die Hausbesuche machen, was natürlich nicht verkehrt, sondern absolut in Ordnung ist. Auch meinen Fernlehrgangsteilnehmern stelle ich es frei, sich für die Arbeitsmethode zu entscheiden, mit der sie sich am wohlsten fühlen. Jeder Mensch ist ein Individuum, und niemand sollte in eine Schablone gepresst werden.
Ehrlich gesagt bin ich jedoch manchmal froh, dass ich keine Hausbesuche mache, weil es immer wieder Fälle gibt, die mich wütend machen. Wenn ich höre, dass ein Tier sich ständig verkriecht, unsauber ist und Angst vor dem Freund der Katzenhalterin hat, weiß ich genau, was ich davon zu halten habe. Sie meint jedoch tatsächlich, er würde den Kater eben „gerne ärgern". Für ein sensibles Tier bedeutet dies jedoch Bedrohung und Terror, und für mich handelt es sich dabei um Tierquälerei. Vor allem, wenn ich dann noch die Aussage höre, die andere Katze „lasse dagegen alles mit sich

machen" – sprich: erduldet still leidend alles – und „hätte darum damit kein Problem". Wie verzerrt nehmen manche Menschen die Realität wahr? Eine Katze mit einer anderen Persönlichkeit würde sich in der gleichen Situation wehren, kratzen und beißen. Nur weil ein Tier dies nicht tut, heißt es noch lange nicht, dass ihm diese Art der Behandlung nichts ausmacht.
Wenn ich dann darum bitte, dass dieser Herr den Kater in der nächsten Zeit einmal absolut in Ruhe lassen und besser ganz ignorieren soll, und erfahre, dass er dies nicht tut, was „ja aber vielleicht ganz gut wäre, um die beiden doch einander näherzubringen", könnte ich in die Luft gehen. Da ist ein erwachsener Mann nicht in der Lage, ein ihm körperlich unterlegenes und von ihm abhängiges Lebewesen für eine gewisse Zeit einfach einmal nicht zu belästigen, sondern muss seinen Frust und seine perfiden Neigungen unverändert daran abreagieren. Die Katzenhalterin ist nicht in der Lage, sich durchzusetzen und ihr Tier zu beschützen, sondern sucht auch noch nach Entschuldigungen beziehungsweise beschönigt die Sache. Da würde ich dann wohl meine Professionalität verlieren und vor Ort sehr emotional reagieren.
Auch wenn sich eine Katzenhalterin verzweifelt an mich wendet, „da sie doch so an dem Tier hängt", *nachdem* ihr Mann aufgrund der Unsauberkeit der Katze darauf bestanden hat, diese ins Tierheim zu bringen, fällt es mir schwer, neutral zu bleiben. Das Tierheim und auch sie hätten bei der Katze Eifersucht auf den Mann diagnostiziert. Sie selbst schildert das Verhalten aber so, dass die Katze immer vor dem Mann weglief. Was hat das mit Eifersucht zu tun? Das ist ANGST. Noch offensichtlicher geht es doch nicht. Zumal der Mann das Tier für seine Unsauberkeit wütend bestrafte, was die Angst, die Unsicherheit und damit natürlich die Unsauberkeit noch verstärkte. Ob ich helfen könnte? Warum wurde ich nicht um Hilfe gebeten, *bevor* man die Katze, die sich in ihrer Not völlig normal verhalten hat, als ungerechte Strafe einfach abgeschoben hat? Gibt man ein Kind, das aus Angst ins Bett nässt, auch einfach zur Strafe in ein Heim? Lässt eine Mutter so etwas zu, wenn der Vater es verlangt? Ich machte der Frau klar, dass ich gar nichts tun könnte, solange ihr Ehemann nicht bereit wäre, die Katze wie-

der nach Hause zu holen und sich dann auf jeden Fall ihr gegenüber anders zu verhalten. Ich könne die Katze therapieren, aber nicht ihren Mann, und ohne dessen Mithilfe würde es nicht funktionieren. Sie bedankte sich überschwänglich und wollte alles in ihrer Macht stehende versuchen. Ich habe nie mehr etwas von dieser Dame gehört, denn es war klar, dass der Mann endlich sein Ziel erreicht hatte und froh war, die arme Katze aus dem Haus zu haben.

Ich hoffe, Sie verzeihen mir, dass ich mir einfach einmal all dies von der Seele schreiben musste. Meistens bringe ich für alles Verständnis auf, weil jeder, der aufrichtig Hilfe und Unterstützung bei einem Problem mit seiner Katze sucht, bei mir schon einen Bonus hat. Ich bin jedoch auch nur ein Mensch, und wenn ich mit extremen Missständen konfrontiert werde, gewinnen meine Emotionen einfach die Oberhand. Manche Halter muss man scheinbar manchmal sogar wachrütteln. Wenn ich vorsichtig versuche, sie auf etwas aufmerksam zu machen, verstehen sie gar nicht, was ich meine. Trotzdem halte ich mich natürlich in der Regel zurück, denn wenn ich einen Katzenhalter vor den Kopf stoße, wird er auf keinen Fall mehr meine Empfehlungen umsetzen. Dadurch verhindere ich letztendlich, einem Tier helfen zu können. Das ist natürlich das Letzte, was ich will, denn ich sehe mich immer als Fürsprecherin und Stellvertreterin für die Katze.

Die meisten Klienten sind jedoch sehr bemüht, engagiert, wollen ihren Katzen wirklich helfen und suchen aufrichtig Unterstützung. Daher bringe ich ihnen das entgegen, was ich mir auch von ihnen für ihre Katzen wünsche: Verständnis, Einfühlungsvermögen, Anteilnahme und Geduld.

Um mich in eine Katze hineinversetzen zu können, muss mir dieses Wesen in jeder Hinsicht vertraut sein. Ich muss die Lebensumstände aus ihrer Perspektive sehen, alles nachempfinden können und erkennen, was diese Katzenseele quält, was ihr fehlt, womit sie nicht klarkommt und welche Art von Unterstützung sie braucht. Dann gilt es, all dies dem Halter zu vermitteln, damit er es ebenso erkennen und verstehen kann. Nur was wir verstehen, verurteilen wir nicht. Nur dann kann einer Katze geholfen werden, sich wieder

völlig wohl in ihrem Zuhause zu fühlen und jeden Tag zusammen mit ihrem Menschen und den anderen Mitbewohnern zu genießen. Das ist es doch, was sich jedes Lebewesen wünscht: Sich des Lebens zu freuen und glücklich zu sein, dort, wo man ist.
Dieses Buch soll Ihnen helfen, Ihre Katze besser zu verstehen, sich mehr in sie einfühlen zu können, ihr die Unterstützung zu geben, die sie braucht und ihr Ihre Liebe und Zuneigung in der Weise zuteilwerden zu lassen, wie sie es annehmen kann. Das Zusammenleben soll für alle ein harmonisches Miteinander sein, beide Seiten bereichern, zufrieden und glücklich machen.
An einigen Stellen verweise ich auf mein Buch „Coaching für Katzenhalter", wenn die entsprechenden Thematiken darin bereits behandelt wurden. Ich bitte Sie dafür um Verständnis, denn die Leser dieses Buches wünschen sich an dieser Stelle natürlich neue Informationen und möchten nicht das Gleiche noch einmal lesen, sodass ich nicht alles noch einmal wiederholen kann.
Ich wünsche Ihnen viel Freude bei der Lektüre und vor allem viele bereichernde Erkenntnisse, die Ihnen helfen, die Katzenseele besser zu verstehen.

Alles Liebe und Gute
Petra Twardokus

Arttypisches Katzenverhalten

Um unterscheiden zu können, ob es sich tatsächlich um ein auffälliges Verhalten der Katze handelt oder aber einfach um ein arttypisches, das lediglich für den Menschen unerwünscht und somit auffällig ist, muss man beide Arten von Verhaltensweisen kennen.

Instinkthandlungen

Eine Verhaltensweise, mit der die Katze, ohne vorherige Erfahrungen machen zu müssen, mit ihrer Umwelt in Beziehung tritt, wird Instinkthandlung genannt. Diese wird nicht in einer bewussten Absicht ausgeführt, sondern dient dem absoluten Selbstzweck und ist praktisch ein Automatismus. Sie wirkt spannungslösend, lustbetont oder aber Unlust vermindernd. Ein vom Instinkt gesteuertes Verhalten zeigt sich beispielsweise bei der Paarung oder dem Gebärvorgang.
Zusammengehörige Instinktbewegungen werden in verschiedene Verhaltensbereiche eingeordnet, wie beispielsweise das Sexualverhalten, Pflege- oder mütterliches Verhalten, Pflegehandlungen auslösendes sowie Aufmerksamkeit erregendes Verhalten, Beutejagdverhalten, Nahrungsaufnahmeverhalten, Körperausscheidungsverhalten, Körperpflege- und Komfortverhalten, Neugier- oder Erkundungsverhalten, Ruhe- und Schlafverhalten, Flucht- und Meideverhalten.
Auch wenn es gelingt, einer Katze vieles beizubringen und manches abzugewöhnen, ist dies bei Instinkthandlungen fast unmöglich. Ein angeborener Trieb kann nicht einfach ausgeschaltet werden. Eine Katze weiß, dass ihr Kratzen an der Ledercouch Missfallen erregt. Trotzdem schärft sie ihre Krallen und entledigt sich der alten Krallenhüllen auf diese Weise, da diese Handlung instinktmäßig geschieht. Beibringen kann man ihr jedoch, dass sie dazu ein Kratzbrett oder den Kratzbaum verwenden soll. Das bedeutet, dass Instinkthandlungen in andere Bahnen gelenkt werden können.

Voraussetzung dafür ist, dass die Katze für eine Umerziehung spätestens beim Ansatz zu einer Instinkthandlung erwischt und umgehend entsprechend eingegriffen wird. Noch während eine nicht stubenreine Jungkatze nach einem Platz sucht, wo sie sich entleeren kann, muss sie beispielsweise hochgehoben und in die Katzentoilette gesetzt werden.

Umgeleitetes Verhalten

Wenn sich eine Katze nicht an dem Objekt, das sie erregt, sondern an einem anderen, gerade zufällig in die Szenerie geratenen, auslässt, handelt es sich um eine Handlung an einem Ersatzobjekt, also ein umgeleitetes Verhalten. Beispielsweise könnte eine hungrige Katze, die sich nicht an den Futternapf traut, weil ein ranghöheres Tier dort frisst, plötzlich ihre in der Nähe liegende Plüschmaus entdecken und sich heftig darauf stürzen oder sie spielerisch in die Luft werfen und zu fangen versuchen. Es ist aber auch möglich, dass sie aus Frust fauchend und mit den Tatzen schlagend eine dritte, ihr unterlegene Katze in die Flucht schlägt, die sich ganz zufällig in der Nähe aufhält. Die Wut gilt in Wirklichkeit dem ranggüberlegenen Futterkonkurrenten, aber aus Unsicherheit reagiert sie sich an einem „unschuldigen Schwächeren“ ab.

Das Lernverhalten

Beim Lernen gibt es ein „Abgewöhnen“ sowie eine „Gewohnheitsbildung“, ein gezieltes Antrainieren sowie das Lernen durch Versuch und Irrtum. Unerwünschte zufällige Ereignisse oder Einflüsse, die bei einer Katze Unlust oder Angst auslösen, führen zu einem Meideverhalten. Dazu gehören unter anderem einschneidende Erlebnisse, die zu tief greifenden Erfahrungen führen, Veränderungen der Umwelt beziehungsweise der Lebenssituation, Sozialkonflikte, der Verlust eines geliebten Menschen oder Artgenossen, eine veränderte Rangposition oder der Auszug aus dem gewohnten Heim. Dies sind einige der wichtigsten Faktoren, die das Verhalten einer Katze nachhaltig beeinflussen können.

Für die Verhaltensentwicklung einer jungen Katze sind also nicht nur Erbfaktoren ausschlaggebend, sondern auch persönliche Erlebnisse, also Erfahrungseinflüsse, vor allem, wenn sie während der relativ kurzen Prägungsphase stattfinden. Ein erstes charakteristisches Erlebnis genügt oftmals, um eine Angst-, Aggressions- oder aber Zuneigungsbereitschaft so zu festigen, dass sie nur in seltenen Fällen beziehungsweise nur durch besondere Bemühungen korrigierbar sind.

Arttypische Verhaltensweisen der Katze

Schnurren

Während das Schnurren meistens bei Katzen beobachtet wird, die sich in einer angenehmen Situation zu befinden scheinen, wie bei Entspannung, Zufriedenheit oder Freude während des Streichelns oder der Körperpflege, kann das Schnurren aber auch bei Katzen mit Schmerzen oder sogar, wenn sie im Sterben liegen, auftreten. Dies zeigt, dass einzelne Instinkthandlungen bei der Katze verschiedene Funktionen übernehmen können und nicht nur in einem bestimmten Zusammenhang auftreten. Katzenwelpen schnurren, um der Mutter zu zeigen, dass alles in Ordnung ist. Die Mutterkatze schnurrt, wenn sie zurück zum Nest kommt, und viele Katzen tun es als Aufforderung zum Spielen. Eine unterlegene oder kranke, sehr schwache Katze schnurrt, wenn sich ihr eine überlegene oder ein Feind nähert. In diesem Fall handelt es sich dann um einen Beschwichtigungslaut. Die Katze ist nicht in der Lage, sich auf einen Kampf oder Angriff einzulassen und versucht auf diese Weise, es erst gar nicht dazu kommen zu lassen.

Schnattern

Manchmal, wenn die Katze einen Vogel oder ein Insekt entdeckt, starrt sie gebannt hin und beginnt durch eine Bewegung der Kiefer, regelrecht mit den Zähnen zu klappern. Diese sogenannte Leerlauf- oder Ersatzhandlung wird als Schnattern bezeichnet. Die Katze führt dabei sozusagen pro forma ihren Tötungsbiss aus, als hätte sie das Beutetier bereits zwischen den Kiefern. In dieser Situation handelt es sich jedoch um einen Ausdruck von Frustration, da die Katze genau erkennt, dass ihr ein tatsächliches Fangen nicht gelingen kann, beispielsweise, weil sie von der Beute durch eine Fensterscheibe getrennt ist.

Schwanzwedeln

Wenn die Katze mit dem Schwanz wedelt, ist sie nicht immer unbedingt aufgebracht und angriffsbereit, sondern kann sich ebenso in einer Konfliktsituation befinden. Sie möchte dann zwei Dinge gleichzeitig tun, aber der eine Impuls blockiert dabei den anderen. Wenn eine Katze beispielsweise miaut, um hinausgelassen zu werden, und dann beim Öffnen der Tür feststellt, dass es regnet, beginnt sie wahrscheinlich mit dem Schwanz zu wedeln. Durch den Widerspruch zwischen dem Drang, ihr Revier zu erkunden und dem ausgeprägten Wunsch, nicht nass zu werden, entsteht ein Zwiespalt. Wenn diese beiden Triebkomponenten vorübergehend gleich stark sind, kann die Katze sich nicht so einfach für eine entscheiden. Sie bleibt ruhig stehen und schlägt mit dem Schwanz, bevor sie dann entweder hinaus- oder wieder hineingeht. Sobald sich ein Konflikt auf die eine oder andere Weise gelöst hat, beispielsweise durch das Treffen einer Entscheidung, hört die Katze augenblicklich auf, mit dem Schwanz zu schlagen.
In einem solchen Fall wäre es also unzutreffend, ihre Stimmung als ärgerlich zu bezeichnen. Es handelt sich jedoch immer um ein Zeichen von innerer Anspannung. Auch beim Anpirschen an ein Beutetier kann der Schwanz einer Katze hin und her zucken oder wedeln. Sie ist sich dann nicht darüber im Klaren, ob sie sich sofort auf die Beute stürzen oder besser noch einige Sekunden warten soll.

Die Körpersprache

Dösen

Beim Dösen sind die Ohrmuscheln einer Katze ein wenig nach vorn geneigt und die Augen halb geschlossen. Ihre Tasthaare sind leicht aufgerichtet, um drohende Annäherungen rechtzeitig zu erspüren. Jetzt sollte es keine unvermittelten, zugreifenden, schnellen Bewegungen geben.

Wohlbefinden

Eine zufriedene, positiv gestimmte Katze sitzt aufrecht, mit dicht nebeneinanderliegenden Vorderpfoten, und hat ihren Schwanz um sich herumgelegt. Ihre Ohren sind nach vorn sowie leicht nach außen gerichtet. Ihre Schnurrhaare hat sie seitlich ein wenig gefächert. Ihre Augen blicken ruhig und zeigen eine den Lichtverhältnissen angepasste Pupillengröße.

Aufmerksamkeit

Eine aufmerksame Katze halt ihren Kopf erhoben, und die Ohren sind nach vorn gewandt. Ihre Augen sind weit geöffnet, und die Tasthaare hängen leicht nach unten.

Ausweichen

Hebt eine Katze ihren Kopf etwas an und zieht ihn in Richtung Schultern zurück, so versucht sie auszuweichen. Sie bittet auf diese Weise um mehr Zurückhaltung und will in Ruhe gelassen werden. Dem Menschen gegenüber verhält sie sich oftmals so, wenn sie nicht berührt werden möchte.

Ängstliche Zurückhaltung

Wenn sich eine Katze in ein Versteck zurückzieht, versucht sie zuerst einmal auf diese Weise unauffällig zu werden. Ihre Ohren liegen seitlich an und die Schnurrhaare sind ebenfalls angelegt. Ihre Augen und Pupillen sind schmal, während das Kinn angedrückt ist.

Wenn ihre Angst zunimmt, geht sie relativ schnell zum Angriff über. Ihr Fell sträubt sich, und die Pupillen werden groß. Ihre Ohren liegen seitwärts am Kopf an, während der Schwanz hin und her peitscht. Man sollte dann lediglich beruhigend auf sie einreden und sie keinesfalls anfassen.

Schwanken zwischen Flucht und Angriff

Die Ohren der Katze sind seitwärts gedreht und ihr Blick wird unruhig. Das Maul ist leicht geöffnet, wobei mitunter die unteren Fangzähne zu sehen sind. Sie hat sich noch nicht entschieden, ob sie warnend fauchen oder doch lieber fliehen wird.

Die Abwehrdrohung

Die Tasthaare sind aufmerksam in alle Richtungen des Raumes gestreckt, und die Katze blickt aus deutlich geöffneten Pupillen auf ihr Gegenüber. Ihre Schädeldecke und die seitwärts abgespreizten Ohren ergeben eine waagerechte Linie. Anfassen ist jetzt absolut verboten.

Die Angriffsdrohung

Alle Gesichtsmuskeln der Katze scheinen sich anzuspannen, und das geöffnete Maul gibt den Blick auf die vier scharfen Fangzähne frei. Ihre Ohren bewegen sich hin und her und werden dann eng an den Kopf gelegt, während die Spitzen der Ohrmuscheln nach hinten sowie nach unten weisen.

Eine Katze demonstriert jedoch nur relativ selten Angriffslust. In der Regel schwingt bei ihrem aggressiven Gehabe mehr oder weniger Angst mit. Gewöhnlich mischen sich daher in der Mimik einer gereizten Katze die Elemente der Angriffs- und Abwehrbereitschaft. An der Stellung der Ohren lässt sich am besten erkennen, welche Stimmungslage die Oberhand hat. Je mehr der Gegner von der Rückseite ihrer Ohren zu sehen bekommt, umso größer ist ihre Angriffsbereitschaft. Bei einem ausschließlich defensiven Verhalten sind die Ohren der Katze seitlich nach unten gezogen, sodass von vorn praktisch nur noch die waagerecht stehenden Kanten ihrer Ohrmuscheln zu sehen sind.

Das Angriffsdrohen ist im Gegensatz zum Abwehrdrohen sehr offensiv. Es enthält bei der Mimik sämtliche Nuancen, die auch beim Fressen der Katze beobachtet werden können. Darum wird das Angriffsdrohen auch „Beißdrohen“ genannt. Die Schnurrhaare sind dabei nach vorne gerichtet und breit gefächert. Die Ohren sind seitlich flach angelegt, aber an der Ohrwurzel nach vorn gerichtet.

Die Mimik

Das Gesicht einer Katze kann vielerlei ausdrücken und ist ein eindeutiges Stimmungsbarometer für die Verständigung untereinander. Die Körperhaltung ist das deutlichere, bereits aus einer weiteren Entfernung sichtbare Signal, während die Mimik eher einer feiner abgestimmten Stimmungsanzeige dient. Bei einem allmählichen Stimmungsumschwung verändert sich immer zuerst der Gesichtsausdruck, in dem sich bereits feinste Nuancen zeigen. Die Körperhaltung ändert sich meist erst, wenn sich die Gemütslage bereits gewandelt hat.
Während zur Körperhaltung immer eine entsprechende Mimik gehört, wird das Mienenspiel nicht grundsätzlich von Bewegungen begleitet. Die Katze kann regungslos daliegen, und nur ihre Miene verändert den Ausdruck. Erst wenn sich ein positiver oder negativer Erregungszustand verstärkt, gerät sie zusätzlich in Aktion.
Die Mimik der Katze wird von einer sehr beweglichen Nasen-, Lippen-, Wangen-, Ohr- und Stirnmuskulatur sowie einer schnell veränderlichen Pupillengröße und den Schnurrhaaren bestimmt. Eine ausgeglichene Katze hält ihr Maul entspannt geschlossen. Bei Furcht oder Ärger zieht sie dagegen die Lippen zurück und entblößt langsam ihre Zähne.
Die Pupillen einer Katze weiten sich, wenn die Lichtintensität der Umgebung abnimmt, und verengen sich bei starkem Lichteinfall. Fixiert die Katze einen Gegenstand, verengen sich ihre Pupillen umso mehr, je näher dieser Gegenstand dem Auge ist. Vergrößert sich der Abstand zum Objekt, erweitern sich die Pupillen allmählich wieder.
Außerdem zeigt die Pupillengröße den Erregungsgrad einer Katze an. Weiten sich die Pupillen bei ansonsten unveränderten Rahmenbedingungen, so deutet dies auf eine starke Erregung hin. Dafür kann es einen positiven Auslöser, wie einen gefüllten Futternapf, oder einen negativen, wie die Angst vor einem herannahenden Hund, geben. Es verwirrt etwas, dass die Pupillen sich sowohl erweitern, wenn die Katze sich freut, als auch, wenn sie sich fürchtet. Insgesamt kann damit also Überraschung, Angst oder Abwehr

signalisiert werden. Sind die Augen weit aufgerissen und durch die erweiterten Pupillen fast ganz schwarz, steht die Katze unter Adrenalineinfluss, etwa bei starkem sozialem Stress, Angst, äußerster Erschöpfung sowie auch aufgrund bestimmter Erkrankungen. Verengen sich die Pupillen dagegen, ist dies ein Zeichen von Gelöstheit sowie Interesse. Es kann aber auch wiederum eine gewisse Spannung bis hin zur Angriffsdrohung anzeigen.
Bei der Deutung muss jedoch immer auch berücksichtigt werden, dass die Pupillenweite ebenso durch die Lichtverhältnisse beeinflusst wird. Bei hellem Licht können die Pupillen sich trotzdem plötzlich weiten, wenn die Katze etwas Überraschendes oder aber Furchterregendes sieht. Bei schwachem Licht können sich die Pupillen trotzdem ebenso verengen, wenn sie eine Beute entdeckt oder große Anspannung in der Luft liegt und sie angreifen will.
Starrt eine Katze mit verengten Pupillen, kann jeden Moment ein Angriff erfolgen. Starrt sie mit erweiterten Pupillen, macht ihr dagegen etwas große Angst, und sie ist in Abwehrbereitschaft. Unter Artgenossen ist Anstarren aber auch eine Überlegenheitsdemonstration, die den Angestarrten auf einen niedrigeren Platz in der Rangordnung verweist.
Wegschauen bedeutet unter Katzen, einer Auseinandersetzung oder einem Konflikt aus dem Weg gehen zu wollen. Es bedeutet, dass die Katze nicht provoziert werden will und dies selbst auch nicht tut. Gegenüber dem Menschen ist es ebenfalls eine Beschwichtigungsgeste, wenn er mit der Katze schimpft. Auch ihn will sie damit beruhigen und nicht dominant oder provokant wirken, indem sie ihn anschaut. Die Katze ignoriert den Tadel also keinesfalls desinteressiert, sondern das Gegenteil ist der Fall.
Eine entspannte, schläfrige und zufriedene Katze hat ihre Augen oft halb geschlossen, und die Pupillen sind weit. Krampfhaft geschlossene Augen dagegen sind ein Hinweis auf Stress. Die Katze reagiert damit auf eine andauernde unerträgliche oder zumindest unangenehme (Lebens-)Situation, der sie nicht entkommen kann. Anstatt einfach nur wegzuschauen, entzieht sie sich dem Ganzen komplett. Dies führt meist zu einer weiteren Ersatzhandlung, dem angespannten, sogenannten Verteidigungsschlaf, bei dem sie eine

verkrampft wirkende, geschlossene Haltung mit gekrümmtem Rücken und eingezogenen oder angelegten Pfoten einnimmt. Sie entzieht sich damit demonstrativ allen Aktivitäten um sich herum, bekommt aber alles ganz genau mit, da sie gar nicht wirklich schläft. Dies sollte jedoch nicht mit der entspannten, geschlossenen Haltung verwechselt werden.
Obwohl die Katze keinen regelmäßigen Lidschlag macht wie der Mensch, kann sie sehr wohl blinzeln. Dabei kneift sie ganz langsam und demonstrativ ihre Augenlider zusammen und öffnet sie ebenso langsam wieder. Das Ganze wird mehrfach wiederholt. Es ist je nach Situation als Gruß zu interpretieren oder auch als Beschwichtigungsgeste. Ihrem Menschen gegenüber ist es einfach ein Ausdruck der Vertrautheit. Es gibt sogar die Behauptung, das Blinzeln sei das Lächeln der Katze.

Übersprungshandlungen

Ist eine Erregung vorhanden, die aber aufgrund einer konfliktartig blockierenden Gegenerregung nicht abreagiert werden kann, kommt es häufig zu einer sogenannten Übersprungsreaktion, die auch als Ersatzhandlung bezeichnet wird. Eine solche Übersprungsreaktion liegt beispielsweise vor, wenn eine abwartende Katze sich plötzlich heftig zu kratzen oder ihre Pfoten zu belecken beginnt. Sie tut ersatzweise etwas, das scheinbar gar nicht in die Situation passt, nur um sich irgendwie abzureagieren.
Bei Übersprungshandlungen handelt es sich um Bewältigungsstrategien der Katze, beispielsweise, um mit Frustration, Unsicherheit oder Irritation zurechtzukommen, Stress abzubauen oder aber zur Selbstbelohnung. Dazu gehören Gähnen und sich unvermittelt heftig putzen oder kratzen. Es ist vergleichbar mit dem verlegenen Gähnen oder Kratzen am Kopf beim Menschen.
Der Katze stehen verschiedene Instinkthandlungen als Ausweichmöglichkeiten zur Verfügung, aber es gibt auch Übersprungsreaktionen, die für eine bestimmte Situation charakteristisch sind. Diese lösen bei einem Sozialpartner bestimmte Gegenreaktionen aus, unterdrücken sie oder bewirken einen Stimmungsumschwung.

Ein kurzes Lecken mit der Zunge über die Lippen ist ein Zeichen dafür, dass die Katze gleichzeitig von etwas fasziniert, aber auch beunruhigt ist. Während sie den Blick auf die Quelle ihrer Aufregung richtet, verspürt sie den Drang, sich die Nase oder das Fell in diesem Bereich zu putzen. Dies dient aber nicht der Fellpflege und folgt auch nicht dem üblichen Muster, das nach dem Fressen oder während des normalen Putzens zu beobachten ist. Das Lecken erfolgt mit einer kurzen hastigen Bewegung und ist ein Ausdruck von Irritation. Eine solche Reaktion tritt bei der Katze auf, wenn sie in einen inneren Konflikt gerät. Irgendetwas stört sie, erregt aber gleichzeitig ihre Neugier, stößt sie also gleichzeitig ab und zieht sie an. Einerseits möchte sie weglaufen und andererseits dableiben. Sie starrt das irritierende Etwas an, und da sie den Konflikt nicht zu lösen vermag, äußert sich ihre Erregung durch eine triviale, verkürzte Handlung. Manchmal zeigt sich statt Lippenlecken auch ein heftiges Niesen oder ein übertrieben starkes Gähnen. Auch hierbei handelt es sich um alternative Ersatzhandlungen, die jedoch seltener vorkommen als das Lippenlecken.
Das Kratzen, beispielsweise mit der Hinterpfote am Hals oder hinter dem Ohr, kann ebenso wie das Putzen in Konflikt- und Frustrationssituationen als Übersprungshandlung auftreten, wenn bei einer gesteigerten Erregung keine Möglichkeit zu einem anderen angemessenen Abreagieren besteht. Katzen zeigen eine solche Übersprungshandlung, wenn sie gerade nicht wissen, was sie tun sollen, wenn sie sich nach oder während eines aufregenden Erlebnisses abreagieren müssen, wenn sie sich in einer für sie unangenehmen Situation befinden, erregt, verunsichert oder verärgert sind. Immer, wenn eine Katze etwas Aufregendes oder Anstrengendes erlebt hat, braucht sie diese Form des Abreagierens. Dies ist unter anderem auch der Fall nach dem Fangen von Beute oder bei Konfrontationen mit Artgenossen. Beispielsweise wurde sie von einer anderen Katze gejagt und beginnt danach, sich eifrig zu belecken, auch um das Adrenalin wieder abzubauen, das sich gebildet hat. Zu diesen Übersprungshandlungen gehört ebenso, dass eine Katze unvermittelt etwas beschnüffelt, sich kurz hinlegt sowie ein plötzlicher Biss in das eigene Fell, um einen imaginären Floh zu fangen.

Auch wenn eine Katze nicht versteht, was der Mensch von ihr will, aber erkennt, dass ihr etwas vermittelt werden soll, reagiert sie unter Umständen mit dem sogenannten Verdrängungsputzen. Dieses kann ebenso als Entspannungsmaßnahme auftreten, wenn ein Konflikt zwischen einer ranghöheren und einer rangniedrigen Katze nicht ausgetragen, sondern vorzeitig abgebrochen wurde.

Der Katzenbuckel

Außer Übersprungsreaktionen sind aber noch andere Erregungsabwehrmechanismen der Katze bekannt, die in einer Konfliktsituation möglich sind. Oftmals drücken sie sich in einer charakteristischen Körperhaltung aus, wie beispielsweise dem Katzenbuckel. Dieser drückt die Mischung der Impulse sowohl zur Angriffs- als auch zur Verteidigungsbereitschaft aus. Immer dann, wenn sich Angst vor etwas mit dem entschiedenen Willen zur Verteidigung mischt, macht die Katze einen Buckel und sträubt dabei das Fell. Sie steht mit völlig durchgestreckten Beinen da und krümmt gleichzeitig ihren Rücken, sodass er wie ein umgekehrtes „U“ erscheint. Durch diese Stellung, in der sich Furcht (gekrümmter Rücken) mit Drohung und Aggression (durchgedrückte Beine) mischt, erreicht die Katze, dass sie viel größer wirkt, als sie eigentlich ist. Der Katzenbuckel ergibt sich von ganz allein, wenn eine unentschlossene Katze gleichzeitig durch Größe imponieren, aber eben auch ausweichen will. Sie steht dabei einerseits noch hochgestreckt und fest auf den Hinterbeinen, weicht aber andererseits bereits mit den Vorderbeinen in eine Verteidigungsstellung zurück.

Allerdings gibt es noch eine völlig andere Bedeutung des Katzenbuckels. Schleicht die Katze mit angelegtem Fell sanft um den Menschen herum und krümmt dabei ihren Rücken, so verlangt sie einfach nach Aufmerksamkeit, Streicheleinheiten oder Futter. Auch wenn eine Katze gerade erwacht ist, reckt sie sich manchmal auf diese Weise.

Das Jagdverhalten

Bei Katzen spielt die sogenannte Territorialität eine wichtige Rolle. Eine Katze verhält sich auf einem von ihr als eigenes Revier betrachteten Territorium anders als in einem ihr fremden Gebiet. Da gibt es zunächst das Heim erster Ordnung, in dem sich Schlaf-, Ruhe- und Fressplatz und auch das Wurflager für die Nachkommen befinden. Es wird nicht mit Körperausscheidungen beschmutzt und gegen jeden fremden Artgenossen heftig verteidigt. Darum herum erstreckt sich das Heim zweiter Ordnung, das auch als Sexualterritorium bezeichnet werden kann. Oft betrachtet ein Kater jede Katze, die in diesen Bereich gerät, als seinen Besitz und hofiert sie, bis sie paarungsbereit ist. Um diesen Bereich zu kennzeichnen, werden an seinen Grenzen Duftmarken mit Kot, Urin und Duftstoffen aus speziellen Drüsen platziert. Auch das Kratzen am Boden oder an Baumstämmen kann zu Markierungszwecken vorgenommen werden. Über diesen Bezirk hinaus gibt es dann noch das Nahrungsrevier.

Sobald eine Katze ein Beuteobjekt vorbeihuschen sieht, folgen ihm ihre Augen und Ohren, die Muskeln des Körpers spannen sich an, und im nächsten Augenblick springt sie danach und versucht, es mit den Vorderpfoten und den ausgefahrenen Krallen zu erhaschen. Dieses Verhalten zeigt sich genauso bei „Beuteattrappen" wie Papierkugeln oder Spielmäusen, die das Ablaufen dieser Instinkthandlungen ebenso auslösen. Jedes nicht zu große Objekt kann, wenn es sich von der Katze irgendwie wegbewegt, diese Handlungen aus dem Beuteinstinktverhalten in Gang setzen. Für ein Raubtier ist es zur Sicherung der lebensnotwendigen täglichen Nahrungsmenge von großer Bedeutung, alle Instinkthandlungen, die dem Auffinden, Nachstellen und Erlegen von Beutetieren dienen, regelmäßig immer wieder zu trainieren, um sie im Bedarfsfall mit Perfektion ausführen zu können.

Bietet sich der Katze für längere Zeit kein passender Auslöser dafür, beginnt sie, nach Ersatz zu suchen. Das Objekt braucht dann nicht mehr Mausgröße zu haben, sondern es genügt auch eine Fliege, und anstatt nach einem sich bewegenden Gegenstand am

Boden, springt sie auch nach einer baumelnden Dekoration. Kann die Katze über längere Zeit ihren Jagdtrieb nicht ausleben, beginnt sie nach fiktiven, also eingebildeten Insekten zu haschen oder unsichtbare Mäuse zu fangen. Diese Leerlaufhandlung wird allgemein auch als die „wilden oder verrückten fünf Minuten" bezeichnet und dient dazu, den angestauten Jagdtrieb abzureagieren. Es ist keine wirkliche Verhaltensstörung, zeigt aber deutlich, dass die Katze nicht genug gefordert sowie ausgelastet ist und unbedingt mehr Beschäftigung und Anregung durch ihren Menschen braucht. In der Lauerstellung kann die Katze sehr lange und geduldig verharren. Beim Anschleichen ist ihr ganzer Körper dicht am Boden geduckt, und sie nützt jede Deckung aus, während sie auf das Beutetier zulauft. Wenn eine Katze sich darauf vorbereitet, ihre Beute anzuspringen, schwingt sie manchmal den Kopf rhythmisch von einer Seite zur anderen. Damit versucht sie, die Entfernung zum Beutetier möglichst genau abzuschätzen. Vor dem Ansprung wackelt sie in höchster Erregung mit dem Hinterteil hin und her, um den Sprung genau berechnen zu können. Beim Anspringen stemmt sie die Hinterpfoten fest in den Boden und bleibt auch während des Sprunges geduckt. Der Tötungsbiss erfolgt ziemlich genau in den Nacken des Beutetiers und ist die einzige Art zu töten, die die Katze kennt.

Kleine Beutetiere werden übrigens oft nicht sofort getötet, sondern wiederholt freigelassen, wieder beschlichen, gefangen, geschüttelt, in die Luft geworfen und wieder aufgefangen, um erst nach mehrmaliger Wiederholung getötet zu werden. Vor allem, wenn die Katze lange Zeit keine Gelegenheit hatte, Beute zu machen, ist dieses Verhalten, das Stauungsspiel genannt wird, zu beobachten. Hierbei handelt es sich um Mechanismen, den entstandenen Erregungsstau abzureagieren. Eine ängstliche oder noch jagdunerfahrene Katze will durch den spielerischen Umgang mit dem Beutetier zudem etwas über dessen Gefährlichkeit und Reaktionsweise erfahren. Der Jagdtrieb ist übrigens unabhängig vom Fresstrieb, was bedeutet, dass die Katze das Beutetier oftmals gar nicht verspeist.

Häufig kann es passieren, dass die Katze ihre Beute tot oder lebendig mit nach Hause bringt und vielleicht sogar ihrem Menschen

direkt vor die Füße legt. Auch Katzenmütter bringen ihren Jungtieren tote Beutetiere mit nach Hause, um sie zu ernähren, und lebende, um sie die Jagd zu lehren. Der Mensch sollte dieses „Geschenk" nicht verärgert und angeekelt zurückweisen und die Katze womöglich noch dafür bestrafen. Die richtige Reaktion ist, die Katze zu loben, ihr das Beutetier mit vielen Komplimenten und Streicheleinheiten abzunehmen und es dann unbemerkt zu entsorgen oder freizulassen, falls es noch lebt. Davon sollte die Katze jedoch nichts mitbekommen.
In den frühen Abendstunden sind Katzen besonders spielfreudig, da dann normalerweise in der freien Natur für sie die Jagdzeit beginnt. Wenn sie keine Gelegenheit zur Jagd bekommen, müssen sie sich durch das Spielen mit dem Menschen abreagieren können. Dieser muss dann die Spielbeute bewegen, denn Beute, die sich nicht bewegt, ist tot und somit uninteressant. Das ist nicht nur für Jungtiere von Bedeutung, sondern dient auch dem körperlichen und seelischen Ausgleich erwachsener Katzen, vor allem, wenn sie ausschließlich in der Wohnung gehalten werden.

Das Fluchtverhalten

Die Fluchtdistanz ist der Mindestabstand, bis auf den eine Katze einen Angreifer oder eine drohende Gefahr an sich heranlässt, ohne zu fliehen. Wird dieser Abstand bei einer fehlenden Fluchtmöglichkeit wesentlich weiter unterschritten, so erfolgt ab einer bestimmten kritischen Distanz, Wehrdistanz genannt, eine Abwehraggression.
Die Individualdistanz ist der Abstand, auf den die Katze einen Artgenossen an sich herankommen lässt. Sie hängt oftmals von dem persönlichen Bekanntheitsgrad oder der Rangstellung oder der gerade vorherrschenden Stimmung ab. Daher kann sie zeitweilig zwischen gegengeschlechtlichen Artgenossen geringer und zwischen gleichgeschlechtlichen größer sein. Die Individualdistanz ist bei Katzen im allgemeinen jedoch generell viel größer als bei den viel kontaktfreudigeren Hunden.

Das Markierverhalten

Eine Katze vergräbt ihren Kot, um eine Ausbreitung des Geruchs zu verhindern oder zumindest zu verringern, sodass potenzielle Feinde nicht auf ihre Spur gelockt werden. Das Vergraben des Kots ist zudem typisch für eine untergeordnete Katze, während ihn eine dominante dagegen auch schon einmal in der Katzentoilette unverscharrt lassen kann. Es gibt jedoch auch Ausnahmefälle, in denen eine Katze einfach nicht richtig gelernt hat, an welcher Stelle und in welcher Richtung sie scharren muss, um ihre Ausscheidungen auch zu treffen.

Beim Betreten des Jagdreviers einer Katze geschieht genau das Gegenteil. Sie setzt Kot möglichst an besonders auffälligen Stellen ab und lässt ihn dort unvergraben liegen. Mit dieser frischen Duftmarke wird einer nachfolgenden Katze signalisiert, dass dieses Revier bereits besetzt ist. Die Markierung wichtiger Örtlichkeiten oder Grenzen eines Territoriums wird also in erster Linie durch Duftbotschaften vorgenommen. Die stärksten Duftmarken entstehen dabei beim Versprühen von Urin. Das Reiben mit Kopf, Kinn und Schwanz hinterlässt einen Geruch aus den dort befindlichen Duftdrüsen. Auch das Aufdrücken des Analsekretes auf verschiedene Gegenstände ist eine bekannte Markierungsmethode, die insbesondere von Katern benutzt wird.

Kater markieren ihr Territorium, indem sie einen gezielten Urinstrahl nach hinten auf hochstehende Teile wie Mauern, Büsche, Baumstämme, Zaunpfosten oder andere Orientierungspunkte in ihrer Umgebung spritzen. Eine besondere Anziehungskraft besitzen die Stellen, an denen sie selbst oder andere Katzen in der Vergangenheit bereits Urin versprüht haben, sodass sie entweder das Bedürfnis haben, ihren eigenen Geruch wieder aufzufrischen oder einen fremden zu überdecken. Vor allem von unkastrierten Katern kann dieses Verhalten auch in der Wohnung ausgeübt werden, was für Menschennasen äußerst unangenehm riecht. Sie, aber auch weibliche Katzen, teilen durch das Markieren mit Urin ihren Fortpflanzungswillen mit. Es gibt jedoch auch psychische Ursachen, warum eine Katze in der Wohnung mit Urin markiert.

Auch das Kratzen gehört zum Markierverhalten und hinterlässt außer sichtbaren Zeichen ebenfalls Duftmarken aus den Schweißdrüsen der Sohlen und Zellenballen. Wenn die Katze ihre Krallen wetzt, tut sie das also nicht nur, um sie zu schärfen, Krallenhülsen abzustreifen und sich ausgiebig zu strecken. Aus den Drüsen zwischen den Zehen hinterlässt sie Pheromone, die beim Kratzen beispielsweise auf ein Möbelstück gerieben werden. Indem sie ihren eigenen Geruch dort hinterlässt, stellt sie einen einheitlichen Gruppengeruch her. Außerdem kann sie durch die Kratzspuren visuelle Signale setzen. Um dieses Bedürfnis auf andere Weise stillen zu können, sollten ihr ein Kratzbaum sowie Kratzbretter angeboten werden.

Das Erkundungsverhalten

Katzen haben eine ausgeprägte Neigung, ihre Umgebung zu untersuchen und kennenzulernen, sind also neugierig. Diese Tätigkeit des Untersuchens einer neuen Umgebung wird Erkundungsverhalten genannt.
Neue Räumlichkeiten oder neue Gegenstände in bereits bekannten Örtlichkeiten werden von der Katze erst einmal einer ausgiebigen Untersuchung unterzogen. Das Erkundungsverhalten wird mit allen Sinnesorganen sowie mit den Pfoten und sogar dem ganzen Körper durchgeführt. Darum hat die Katze auch ein besonderes Interesse an engen Röhren, Schachteln, Schubladen, Taschen, Tüten, schwer zugänglichen Öffnungen, Löchern und Spalten, da kleine dunkle Öffnungen Schlüsselreize im Rahmen ihres Beuteverhaltens darstellen können. Größere Öffnungen dagegen können für eine Katze als Versteckmöglichkeit, vor allem im Rahmen des Flucht- und Meideverhaltens, interessant sein.
Erhöhte Plätze bieten der Katze eine größtmögliche Sicherheit vor Angreifern oder auch davor, gestört zu werden, wenn sie ihre Ruhe haben will. Zudem hat sie von dort den besten Überblick, und ihr kann nichts entgehen. Außerdem wird dieser Teil des Heims erster Ordnung als zusätzliches Territorium betrachtet, weil so die dritte Dimension hinzukommt. Ein hoher Kratz- und Kletterbaum,

am besten vor einem Fenster mit Aussicht platziert, leistet da gute Dienste.
Katzen lieben ebenfalls höhlenartige Verstecke wie Schranke, Kartons, Bereiche unter dem Bett oder hinter dem Sofa. Dorthin ziehen sie sich gerne zurück, und es sollte dafür gesorgt werden, dass die Katze diesem Bedürfnis ungestört nachgehen kann.
Katzen mögen keine Türen, denn diese blockieren ihre Kontrollgänge und hindern sie daran, ihr ureigenes Revier zu erkunden und dann rasch zum Zentrum, der sicheren Basis, zurückzukehren. Katzen haben das Bedürfnis, regelmäßig schnell einen kurzen Rundgang durch ihr Territorium zu machen, um nachzusehen, ob alles in Ordnung und gleich geblieben ist. Freigänger kehren zudem mit allen nötigen Informationen über die Aktivitäten anderer Katzen in der Nachbarschaft heim. Sie lieben es, diese Inspektionsgänge in häufig wiederkehrenden Intervallen vorzunehmen, schätzen es aber meist nicht, sehr lange draußen zu bleiben, außer wenn besondere und unerwartete Veränderungen vor Ort stattgefunden haben.
Die wiederholte Überwachung ihres Territoriums draußen ist für Katzen wichtig, weil das Nachrichtensystem der Duftmarken relativ kurzlebig ist. Immer wenn eine Katze sich in ihrem Gebiet an einem der Kontrollpunkte reibt oder Urin dagegen versprüht, hinterlässt sie ihren persönlichen Geruch. Dieser beginnt aber bereits unmittelbar darauf, ein wenig von seiner Intensität zu verlieren. Dieses ständige Abnehmen des Duftes dient der Katze zur Bestimmung des Zeitabschnitts, der verstrichen ist, seit diese Duftmarke gesetzt wurde. Wiederholte Besuche der Katze in dem von ihr kontrollierten Revier resultieren daher aus dem Verlangen, die eigenen abgeschwächten Geruchssignale wieder neu aufzufrischen. Wenn das erledigt ist, lockt sie häufig eher die Behaglichkeit und Sicherheit des Hauses.
Natürlich gibt es aber auch regelrechte Streuner, die sich manchmal tagelang nicht blicken lassen, sondern draußen lieber ihren wichtigen Angelegenheiten nachgehen.
Wenn eine Katze im Haus ist, will sie häufig unbedingt hinaus, und wenn sie dann draußen ist, will sie wieder hinein. Es empfiehlt

sich daher, eine spezielle Katzentüre einzubauen, deren Öffnung für die Größe der Katze ausreichend sein muss, damit sie bequem hindurchschlüpfen kann. Eine solche Katzenklappe erleichtert dann das Miteinander für beiden Seiten erheblich.

Allerdings ist Vorsicht geboten, wenn es in der Nachbarschaft dreiste Katzen gibt, die diesen Zugang zum Haus für einen „Einbruch" nutzen. Sie überfallen dann die kätzischen Hausbewohner, fressen ihnen das Futter weg oder markieren sogar ganz frech. Für eine unsichere, sensible Katze stellt ein solches unberechenbares Eindringen in ihre Schutzzone eine Katastrophe sowie das Erleben eines Albtraums dar und kann ein regelrechtes Trauma erzeugen, das sich dann wiederum in Verhaltensauffälligkeiten ausdrückt. In solchen Fällen sollte die Katzenklappe besser wieder entfernt oder unzugänglich gemacht werden. Es gibt jedoch auch spezielle Klappen, die so eingestellt werden, dass nur der Aus- oder Eingang möglich ist. Ist die Katze also im Haus wird sie so eingestellt, dass nur die Richtung nach draußen funktioniert. Hierbei ist aber größte Aufmerksamkeit gefragt, damit nicht womöglich ein Tier ausgesperrt wird. Es gibt auch Halsbänder, die mit einem Sender versehen sind, mit dem sich die Katzenklappe ausschließlich betätigen lässt. Allerdings sind Halsbänder generell gefährlich für Katzen, da sie unterwegs irgendwo hängen bleiben und sich strangulieren können.

Es gibt Katzen, die tagsüber gerne ausgedehnte Streifzüge durch ihr Revier machen, aber abends pünktlich nach Hause zurückkehren. Da Katzen Gewohnheitstiere sind, kann dies durch bestimmte regelmäßige Fütterungszeiten beeinflusst und gefördert werden. Ausgewachsene unkastrierte Kater können allerdings aufgrund ihres Fortpflanzungstriebs sehr weite Strecken zurücklegen. Negative Veränderungen im Revier beispielsweise, wie Rangordnungsstreitigkeiten, können sogar dazu führen, dass eine Katze abwandert. Andere Gründe, um wegzulaufen und sich ein neues Zuhause zu suchen, wären ein durch Schläge oder sinnlose Strafen zerstörtes Vertrauensverhältnis oder Vernachlässigung. Versehentliches Weglaufen kann in ungewohnten Stress- oder Angstsituationen oder auf einem unbekannten Gelände geschehen.

Das Ruhe- und Schlafverhalten

Katzen dösen täglich viele Stunden. Dabei bekommen sie jedoch jedes Geräusch und jede Bewegung mit, was manchmal durch das Bewegen eines Ohres oder des Schwanzes sichtbar wird. Katzen haben sowohl zum Dösen als auch zum Schlafen mehrere verschiedene Lieblingsplätze, die sie immer wieder aufsuchen. Ob eine Katze döst oder schläft, ist an ihrer Haltung zu erkennen. Beim Dösen sind die Lider nicht ganz geschlossen, und die Pfoten liegen meist frei. Bei plötzlicher Gefahr könnte die Katze in Sekundenbruchteilen wieder aufstehen, fliehen oder jagen.

Auch die Umgebungstemperatur lässt sich an der Schlafhaltung ablesen. Je enger sich eine Katze zusammenrollt, desto kühler ist ihr Schlafplatz. Je deutlicher sie sich öffnet, indem sie Schwanz und Beine von sich streckt, umso wärmer ist ihr. Zum Schlafen suchen Katzen Wärme, um dem leichten Temperaturabfall während des Schlafens entgegenzuwirken beziehungsweise ihren Energieverbrauch gering zu halten, da Blutdruck und Herzschlag verlangsamt sind.

Eine Katze hat verschiedene Schlafstadien, je nach Grad der Muskelentspannung. Beim Einschlafen sinkt der Kopf der Katze langsam auf die Pfoten nieder. Es kommt aber auch vor, dass eine Katze im Sitzen einschläft, wobei ihre Körpermuskeln noch ihre Spannung behalten, aber sie in Bewegungslosigkeit erstarrt ist. Diese Art Schlaf wird ruhiger Schlaf genannt, und aus ihm kann die Katze sehr leicht aufwachen. Diese Phase dauert in der Regel 15 bis 30 Minuten. Dann sinkt der Katzenkopf endgültig auf die Unterlage nieder, der Körper streckt sich aus und die Katze rollt sich auf die Seite. Wenn sie aus dem leichten Schlaf in die Phase des Tiefschlafs hinabgleitet, ist ihre Gehirnaktivität derjenigen einer wachen Katze erstaunlich ähnlich, während ihre Körpermuskulatur jedoch völlig entspannt ist. Diese Phase wird schneller Schlaf genannt. Während dieser REM-Schlafphase, die auch wir Menschen haben, kommt es unter den geschlossenen oder halb geschlossenen Augenlidern zu raschen Bewegungen des Augapfels. Auch Zuckungen an den Pfoten, den Ohren, den Schnurrhaaren und am

Schwanz können beobachtet werden, während die Muskulatur des übrigen Körpers weitestgehend entspannt ist. Die Katze träumt, und die ein oder andere schreit sogar dabei plötzlich unvermittelt auf.
Im Durchschnitt dauert solch eine Tiefschlafphase bei einer Katze nur etwas sechs Minuten und wird dann wieder von einer Phase leichten Schlafes abgelöst. Die Spannung des Katzenkörpers nimmt wieder zu, was ihm aber meist nicht anzusehen ist, da die Katze in der Regel bequem der Länge nach ausgestreckt liegen bleibt. Bis zum Aufwachen wechseln diese beiden Schlaftypen einander ab, wobei die Katze auch immer wieder einmal ihre Körperhaltung verändern kann. Der Schlaf der Katze sollte als Bedürfnis nach Ruhe respektiert werden.
Bei einem alarmierenden Geräusch kann eine schlafende Katze blitzschnell auf den Pfoten und sofort ganz aufmerksam sowie reaktionsbereit sein. Wacht sie aber ungestört aus einem erholsamen längeren Schlaf auf, folgt ein immer gleiches Ritual. Im Zeitlupentempo öffnen sich ihre Augenlider und der Kopf hebt sich. Es folgt ein langes Gähnen, und dann erhebt sie sich ganz langsam. Nun folgt ein obligatorisches Strecken, um die steifen Glieder zu lockern, den Kreislauf wieder in Schwung zu bringen und so ihre im Schlaf leicht abgesunkene Körpertemperatur wieder zu normalisieren. Dabei werden zuerst die Vorderbeine weit nach vorne gestreckt, wobei die Katze sich nach Möglichkeit in den Boden oder eine Unterlage krallt. Dann werden die Beine lang und steif und die Mitte des Körpers wölbt sich so weit es geht nach oben zum Katzenbuckel. Dann macht sie zwei, drei Schritte nach vorne und streckt dabei die Hinterbeine einzeln nach hinten durch. Jetzt ist die Blutzirkulation wieder aktiviert und alle Muskeln sind gelockert. Die meisten Katzen setzen sich dann hin und beginnen, sich zu putzen. Bei warmem Wetter putzt sich die Katze übrigens häufiger, um ihren Wärmehaushalt zu regulieren, denn da sie nicht wie der Mensch schwitzen kann, muss sie ihr Fell mit Speichel befeuchten, um durch die Verdunstung Kühlung zu erreichen.
Katzen verfallen häufiger in kurze Perioden leichten Schlafes anstatt in eine einzige zusammenhängende Schlafphase. Als Raubtier benötigen sie für ihre Jagdaktivitäten stets viel Energie, sodass sie

immer wieder auftanken müssen. Die täglichen Schlafenszeiten werden zudem stark vom Wetter, vom Alter der Katze und ihrem Gesundheitszustand, vom Grad des Hungers oder der Sättigung sowie von der Intensität des momentanen sexuellen Interesses beeinflusst. Junge und sehr alte Katzen schlafen deutlich mehr als gesunde erwachsene, wogegen auch ein leerer Magen oder aber der Sexualtrieb wach halten können.
Katzen, die in enger Gemeinschaft mit dem Menschen leben, sind in ihrem Tagesrhythmus sehr anpassungsfähig. Vor allem die Katze eines Berufstätigen wird dann sozialen Kontakt suchen, wenn ihr Mensch zu Hause ist, während sie die Stunden des Alleinseins weitgehend verschläft. Sie richtet sich meist auch danach, ob ihr Mensch ein Frühaufsteher oder eher nachtaktiv ist.
Jedoch sind fast alle Katzen im frühen Morgengrauen munter und beginnen den Tag mit einem Kontrollgang durch ihr Revier, egal ob draußen oder in der Wohnung. Noch aktiver werden sie in den frühen Abendstunden, da sie typische Dämmerungsräuber sind und gewöhnlich bei Einbruch der Dämmerung auf die Jagd gehen. In der Wohnung äußert sich dieses ererbte Verhalten nicht selten in wilden Jagdspielen, ausgiebigen Kletterpartien und dem Rasen durch den Flur. Auf diese Weise wird die Katze überschüssige Energie los, die sie normalerweise draußen auf der Jagd, beim Verteidigen ihres Reviers und auf Streifzügen verbraucht hätte.

Das Sexualverhalten

Eine rollige Kätzin ist unruhig, frisst weniger und schreit viel sowie andauernd. In den ersten Tagen der Hitze reibt sie Kopf und Flanken an vielen Gegenständen, was später durch Wälzen ergänzt und oft von Bewegungen des Körperpflege- und Komfortverhaltens, wie Augenwischen, Pfoten belecken und Krallen schärfen überlagert wird. In der extremsten Phase zeigt die Katze während des Flankenreibens auch ein Zucken und Zittern, das von der Aftergegend bis zur Schwanzspitze reicht. Dem Kater präsentiert sie schließlich ihr Geschlechtsteil bei zur Seite gehobenem Schwanz. Bevor ein Kater mit den Paarungsaktivitäten beginnt, untersucht er sehr

genau die Gegend und markiert, indem er Gegenstände in dem betreffenden Gebiet mit Urin bespritzt. Wird ein paarungsbereiter Kater, der eine rollige Katze wittert, eingesperrt, kann er jammern, knurren, aggressiv reagieren und sogar gegen Fensterscheiben springen. Er wird immer wieder versuchen, das Öffnen der Tür zu erreichen, und eine Gelegenheit zum Entwischen nutzen.
Bei der Partnerwahl lassen Katzen Verwandtschaftsverhältnisse völlig außer Acht. Freilaufende Katzen einer bestimmten Gegend sind meist irgendwie alle miteinander verwandt, da Inzest für sie kein Tabu ist. Ich finde es absolut verantwortungslos von Haltern, ihre potenten Kater und Katzen draußen herumlaufen zu lassen. Meistens sind es die Katerhalter, die es gar nicht interessiert, dass ihr Vierbeiner draußen wahllos Kätzinnen schwängert. Was mit den Kleinen geschieht, spielt für sie keine Rolle. Diese werden dann unter Umständen einfach entsorgt. Ein solches Elend muss nicht sein. Da es schon genug Kätzchen gibt, die niemand will, sollte jeder verantwortungsvolle Halter seine Tiere kastrieren lassen, zumal dadurch der Fortpflanzungszwang eliminiert wird und sowohl Kater als auch Katze ausgeglichener und ruhiger leben können. Einem Trieb ausgeliefert zu sein, der nie ausgelebt werden kann, ist eine echte Quälerei.

Verhaltensweisen gegenüber dem Menschen

Eine Katze drückt ihre Stimmungen außer durch Körperhaltungen, Bewegungen und Lautäußerungen auch durch eine charakteristische Ohren- und Schwanzstellung oder -bewegung sowie durch die Absonderung von Geruchsstoffen aus. Sie verfügt also über eine Körper-, Laut- und Duftsprache. Die beiden Erstgenannten verwendet die Katze auch im Kontakt mit dem Menschen, während dieser ihre Duftbotschaften mit seiner Nase nicht wahrnehmen kann. Entscheidender als die Lautsprache sind jedoch Gestik und Mimik der Katze, die für uns, wenn wir sie verstehen können, sehr aufschlussreich sind.
Zur Begrüßung oder wenn die Katze geschlafen hat, rollt sie sich vielleicht auf den Rücken, streckt ihre Beine so weit aus wie mög-

lich und gähnt. Dabei schaut sie ihren Menschen häufig an. Dies ist eine passive, freundliche Begrüßung auf Katzenart, die sie nur gegenüber engen Vertrauten anwendet, da die Position mit dem Bauch nach oben sie angreifbar macht. Damit demonstriert sie, dass sie dem Menschen genügend vertraut, um diese verletzliche Stellung einzunehmen.
Allerdings ist dieses Präsentieren ihres Bauches nicht immer mit einer Aufforderung zum Kraulen des Bauches verbunden. Auf uns Menschen wirkt es wie ein eindeutiges Angebot, aber häufig reagiert die Katze stattdessen mit einem ärgerlichen Pfotenschlag oder packt mit den Krallen die Hand und beißt zu. Das ist oftmals ein unwillkürlicher Reflex, da die Bauchregion von einer Katze in der Regel so gut geschützt wird, dass sie oft schon eine sanfte Berührung dort als unangenehm empfindet. Es kann auch sein, dass sie es sich erst gefallen lässt und dann durch eine unaufmerksame Bewegung ihr Verteidigungsmechanismus ausgelöst wird. Die Rückenlage ist für die Katze nämlich eine sehr gute Abwehrstellung, weil sie in dieser Position ihre Krallen einsetzen, mit den Hinterbeinen schnelle schlagende Bewegungen ausführen und beißen kann. Es ist einfach wichtig, auf Signale zu achten, die einen Stimmungsumschwung anzeigen, wie einen zuckenden Schwanz, sich allmählich seitwärts drehende Ohren oder sich verengende Pupillen. Eine Katze greift niemals ohne Vorwarnung an.
Eine andere Begrüßungsart der Katze besteht darin, ihren Kopf oder ihre Wange am Menschen zu reiben. Dann streicht sie mit ihren Flanken der Länge nach an ihm entlang und schlingt schließlich möglicherweise einmal leicht den Schwanz um seine Beine. Danach schaut sie auf und wiederholt den Vorgang. Wird die Katze jetzt gestreichelt, reibt sie sich verstärkt am Menschen und drückt oft auch ihr Maul seitlich gegen seine Hand oder stupst mit dem Kopf dagegen. Eine rangniedrige Katze wird zudem ihre Analregion präsentieren. Es reicht, wenn der Mensch sie dann am hinteren Rücken vor dem Schwanz streichelt. Dann ist das Begrüßungsritual komplett abgelaufen und die Katze setzt sich hin und putzt sich. Hauptsächlich geht es bei der Begrüßung um den Austausch der körperlichen Gerüche zwischen der Katze und ihrem Menschen,

denn Katzen haben spezielle Duftdrüsen an den Schläfen, am Kinn, im Schnauzenbereich sowie an der Schwanzwurzel. Für die menschliche Nase ist der Körpergeruch einer Katze zu fein, um ihn wahrnehmen zu können, aber für die empfindliche Nase einer Katze ist es von großer Bedeutung, dass alle Mitglieder ihrer Familie auf diese Weise ihre Körpergerüche austauschen, denn dadurch entsteht eine Art Gruppengeruch, der für sie immer wieder erneuert und untereinander ausgetauscht werden muss. In der gleichen Art und Weise werden auch neu mitgebrachte Dinge wie Kartons, Möbel und Ähnliches durch den Gruppengeruch integriert. Durch eingehendes Beschnuppern und Kopf- und Kinnreiben an allen freien Kanten wird dieses Objekt dann zu einem Teil der vertrauten Umgebung der Katze.

Einige Katzen stellen sich zur Begrüßung sogar auf die Hinterbeine, was daran liegt, dass der Mensch viel größer ist als sie. Sie möchten ihn aber trotzdem gerne in der katzenüblichen Weise begrüßen und sich nicht nur an den Beinen oder der heruntergestreckten Hand reiben. Es liegt in ihrer Natur, das Begrüßungszeremoniell mehr in Richtung Kopfregion auszuführen, so wie sie es untereinander auch tun. Manche Katzen springen direkt am Menschen hoch oder aber auf ein Möbelstück neben ihm und nutzen diese höher gelegene Position, um eine richtige Begrüßung von Nase zu Nase zustande zu bringen. Diese Form des Kontakts ist, wie das Aneinanderreiben bei der Begrüßung, eine Eigenart der Katze, um die persönlichen Körpergerüche zu vermischen und einen allgemeinen Gruppengeruch zu erzeugen.

Ihr sind ebenfalls die menschlichen Duftsignale wichtig. Darum setzt sie sich nach dem Begrüßungsritual hin und putzt sich, um den menschlichen Geruch zusätzlich mit ihrer Zunge aufzunehmen. Dieses Verhalten zeigt sie auch nach langem Streicheln. In beiden Fällen dient es natürlich ebenso dazu, ihren eigenen Körpergeruch wiederherzustellen. Mit dem Putzen nimmt die Katze aber auch den menschlichen Geruch auf, verteilt ihn über ihren Körper und verinnerlicht ihn als den Gemeinschaftsgeruch, der sie miteinander verbindet. Katzenhalter sollten daher möglichst keine künstlichen Duftstoffe wie Parfums oder Rasierwasser benutzen,

da Katzennasen sehr empfindlich sind und Rückstände an den Händen auf diese Weise von einer Katze oral aufgenommen werden.
Eine weitere Sympathiebezeugung der Katze besteht darin, ihrem Menschen die Hand oder andere Körperteile, wie die Nase, abzulecken. Katzen erweisen sich häufig gegenseitig diesen freundschaftlichen Pflegedienst, wenn sie eine sehr enge soziale Bindung untereinander entwickelt haben. Oft putzen sie sich dabei gegenseitig hinter den Ohren oder am Kopf, da sie diese Stellen mit der eigenen Zunge nicht erreichen können. Neben der Fellreinigung hat dies aber auch die Funktion, die freundschaftliche Beziehung untereinander zu bestätigen und zu festigen. Wenn eine Katze eine enge Beziehung zu ihrem Menschen hat, behandelt sie ihn dann einfach genauso.
Auf dem Schoß des Menschen drückt die Katze erst die eine und dann die andere Vorderpfote in einem bestimmten Rhythmus hinunter. Diese zugleich massierende und stampfende Bewegung wird Treteln genannt. Der Rhythmus ist langsam und gleichmäßig, und teilweise sind dabei die Krallen auf der Haut zu spüren, was den Menschen oftmals irritiert und ihn veranlasst, die Katze vom Schoß zu schieben. Diese ist dann verstört, weil sie zurückgewiesen wird, da das Treteln für sie ein Ausdruck größten Wohlbefindens ist. Damit hat sie als Kitten den Bauch der Mutterkatze massiert, um deren Milchfluss zu stimulieren. Das dabei teilweise auftretende Sabbern drückt dazu noch die Erinnerung an die große Erwartungshaltung hinsichtlich dieser Köstlichkeit aus.
Es ist als verbliebener Teil des Welpen-Verhaltensrepertoires zu interpretieren und tritt in erster Linie bei Katzen auf, die zu früh von der Mutter entwöhnt oder ganz weggenommen wurden. In einer entspannten Atmosphäre praktiziert eine Katze diesen Milchtritt dann einfach automatisch und kann nicht verstehen, warum sie dafür mit Zurückweisung bestraft wird. Dies ist ein klassisches Beispiel dafür, wie missverständlich Interaktionen zwischen Menschen und Katzen sein können. Eine gute Lösung ist es, sich eine Decke auf den Schoß zu legen. Für die Katze wird es so noch kuscheliger, und die Wirkung ihrer Krallen wird damit aufgefangen.
Beim Streicheln kann es passieren, dass die Katze plötzlich kratzt

oder beißt. Dann reicht es der Katze einfach, und eine weitere Berührung ist ihr eher unangenehm. In den meisten Fällen übersieht der Mensch, dass sie durch deutliche Signale angezeigt hat, dass sich ihre Stimmung verändert hat. Meist verengen sich dabei ihre Pupillen. Das tun sie ja nicht nur zur Verminderung des ins Auge einfallenden Lichts, sondern auch bei Verärgerung. Zusätzlich beginnt sie meistens mit der Schwanzspitze zu zucken, was wiederum einen Konflikt anzeigt. Einerseits genießt die Katze das Streicheln, andererseits reicht es ihr langsam.

Oft ist der Mensch einfach nicht bewusst bei der Sache, sodass er immer auf der gleichen Stelle streichelt oder dies auf eine eher unangenehme Art tut oder aber es schon zu lange andauert. Wenn der Mensch die Anzeichen, die einer Unmutsreaktion immer vorausgehen, beachtet, kann er von sich aus das Streicheln rechtzeitig beenden. Dann muss er nicht durch einen Biss verwarnt oder durch den Einsatz der Krallen abgewehrt werden, was in diesem Fall nichts mit Aggression zu tun hat. Die Katze muss einfach deutlicher werden, da ihr Wunsch, damit aufzuhören, vorher nicht beachtet wurde.

Katzen nähern sich oft lautlos von hinten. Ein unbedachter Schritt zurück kann sie daher verletzen. Auch wenn ein Stuhl nach hinten geschoben wird, vor allem bei einem Schreibtischstuhl mit Rollen, ist Vorsicht geboten, denn die Katze könnte genau dahinter liegen. Besonders im Dunkeln und wenn Jungkatzen im Haus sind, ist eine eher schlurfende Gangart ratsam, um nicht aus Versehen auf eine Katze zu treten.

Wenn das dargebotene Futter nicht dem Geschmack der Katze entspricht oder sie satt ist, schüttelt sie häufig wie angeekelt die Pfote. Manchmal werden anschließend auch Scharrbewegungen vollführt. Damit bringt sie ihre Ablehnung zum Ausdruck.

Die Katze schätzt es, wenn sie konsequent erzogen und behandelt wird, um zu wissen, was von ihr erwartet wird. Sie erkennt eher kurzfristige Zusammenhänge, und Langzeit-Überlegungen, wie Reue oder Rachsucht, sind ihr fremd. Sie kann immer nur ganz spontan reagieren.

Katzen haben nicht nur fein abgestimmte, empfindliche Sinnesorgane, sondern sind überhaupt sensibel und sehr empfindlich. Stimmungen haben einen großen Einfluss auf sie, und zwar nicht nur ihre eigenen Stimmungen, sondern auch die ihres Menschen. Katzen nehmen die Stimmungen des Menschen ganz deutlich wahr.

Beschwichtigungsgesten

Gähnen, Blinzeln, Wegschauen, über die Lippen lecken, sich langsam wegbewegen sind alles Beschwichtigungsgesten, die die Katze in bestimmten Situationen einsetzt. Sie will ihrem Gegenüber damit signalisieren, dass sie friedlich gestimmt ist und keine Konfrontation sucht. Sie drückt damit ihre Harmlosigkeit aus oder auch, dass sie keinerlei Provokation erzeugen möchte. Indem sie sich ganz langsam wie in Zeitlupe aus einem Geschehen weg oder an einem dominanteren Tier vorbeibewegt, fordert sie keinen Angriff beziehungsweise kein Verfolgen heraus.
Auch wenn sie wohlwollend gemeint sind, haben direkt auf sie gerichtete menschliche Blicke eine unangenehme Bedeutung für Katzen. Angestarrt zu werden, fassen sie als Ausdruck von Dominanzgehabe und beginnender Drohung auf. Bei zwei rivalisierenden Katzen entscheidet oft schon das gegenseitige Fixieren mit den Augen den Ausgang der Begegnung. Wer zuerst wegschaut, gibt sich geschlagen und hat verloren. Katzen blinzeln sich untereinander an, falls es zu einem direkten Blickkontakt kommt, um klarzustellen, dass dies nicht als Drohung gemeint ist. Das Blinzeln dient als Geste der Beschwichtigung oder auch zum Beruhigen einer bereits angespannten Situation. Anstatt einer Katze direkt in die Augen zu blicken, sollte der Mensch immer wieder wegsehen, sich umschauen oder ebenfalls blinzeln. Dies zeigt der Katze, dass er freundlich gesinnt ist.
Schaut die Katze weg oder gähnt, wenn mit ihr geschimpft wird, dient auch das der Deeskalation: Sie will damit lediglich beschwichtigen und keinesfalls Desinteresse bekunden.
Auch der Mensch kann sich dieser Gesten bedienen, um beispielsweise einer ängstlichen Katze zu signalisieren, dass er positiv gestimmt ist und sie weder bedrängen noch bedrohen möchte.

Auffälliges Katzenverhalten

Katzen wurden im Gegensatz zu anderen Haustieren nie für bestimmte Aufgaben oder einen besonderen Nutzen gezielt gezüchtet, sondern lediglich nach optischen Gesichtspunkten sowie zur gefühlsmäßigen Bedürfnisbefriedigung. Der Mensch möchte, dass sie ihm Gesellschaft leisten und will mit ihnen spielen sowie kuscheln können. Außerdem sollen sie problemlos im Umgang sein, indem sie die ihnen angebotenen Kratzmöglichkeiten sowie die Katzentoilette benutzen. Wenn ein Mensch das Verhalten seiner Katze versteht, ihre Bedürfnisse befriedigt und die Beziehung nicht durch Fehleinschätzungen oder sinnlose Strafen zerstört, wird sie seine Erwartungen auch bis zu einem gewissen Punkt erfüllen. Trotzdem verläuft das Zusammenleben mit einer Katze, genauso wie mit einem Kind, nicht immer reibungslos. Echte Verhaltensauffälligkeiten zeigt eine Katze jedoch nur, wenn sie sich unwohl fühlt und darauf aufmerksam machen möchte.

Jede Mensch-Katze-Beziehung wird durch die Eigenschaften des jeweiligen Halters, durch die Eigenschaften der Katze sowie durch die Haltungsbedingungen charakterisiert und ist für sich einzigartig. Eine Katze ist in vielerlei Hinsicht vergleichbar mit anderen Katzen, unterscheidet sich aber trotzdem auch von ihren Artgenossen. Dabei spielen ihr Wesen, ihr Alter, ihr Geschlecht, ihre Veranlagung, ihre Früherfahrungen, ihr weiterer Lebensverlauf sowie das aktuelle Umfeld, ihre Rasse und eventuell die Kastration eine gewisse Rolle. Alle diese Faktoren hängen bis zu einem bestimmten Grad zusammen und machen die individuelle Persönlichkeit einer Katze aus. Am ehesten kann sich eine Katze entfalten, wenn der Halter ihr viele Freiheiten gewährt und ihr nur wenige Beschränkungen auferlegt. Intoleranz sowie eine sture Erwartungshaltung seitens des Halters lassen individuelle Eigenschaften dagegen verkümmern und trüben die Mensch-Katze-Beziehung. Es geht immer in erster Linie um Akzeptanz, Rücksichtnahme und Einfühlungsvermögen. Ein Halter, der von seiner Katze erwartet,

dass sie sich jederzeit hochheben und drücken lässt, wird von einer zurückhaltend-freundlichen Katze vermutlich enttäuscht sein.
Die meisten der sogenannten Problemkatzen verhalten sich einfach nur katzentypisch. Der Mensch muss lernen, kätzisches Verhalten nicht nach menschlichem Ermessen zu beurteilen. Eine Katze ist weder boshaft noch tut sie etwas, um sich zu rächen. Auch die menschlichen Wert- oder Moralvorstellungen sind ihr fremd. Aus der Sicht der Katze ist es egal, ob sie an einem teuren Ledersofa oder an ihrem eigenen Kratzbaum kratzt. Sie richtet sich danach, was für sie angenehmer ist. Was ihr gefällt, wird von ihr in Besitz genommen. Sie wird es aber genauso schnell wieder aufgeben, sobald ihr eine Alternative angeboten wird, die für sie attraktiver ist.

Echte Verhaltensstörungen

Echte Verhaltensstörungen können angeboren sein oder mit der Zeit erworben werden. Katzen, die in frühester Jugend negative Erlebnisse hatten, neigen später häufiger zu Verhaltensstörungen, wenn sich in ihrer Umgebung etwas verändert. Sie reagieren dann manchmal auf Veränderungen, die dem Katzenhalter unwesentlich erscheinen, für die Katze aber unerträglich sind. Es gilt herauszufinden, was die Katze aus dem Gleichgewicht gebracht hat. Sie braucht dann Harmonisierung, die Reduzierung von angespannten Situationen sowie die Schaffung einer entspannten Atmosphäre, in der sie sich wieder wohlfühlen kann. Das Vertrauen zum Menschen wird der Jungkatze in den meisten Fällen bereits von ihrer Mutter überliefert. Der Halter sollte dieses Vertrauen mit Liebe, Streicheleinheiten sowie Spielen festigen und Ungerechtigkeit, Bestrafung sowie Hektik unterlassen.
Neurosen sind Verhaltensstörungen ohne krankhafte körperliche Veränderungen. Dazu gehören Sozialstörungen durch keinen oder einen nur geringen Kontakt zu Artgenossen und Menschen während der Aufzucht und Jungkatzenhaltung. Diese Isolierung führt zu einem Meideverhalten sowie Flucht, oder aber zu defensiver Aggression. Auch Fehlprägungen, traumatische Verhaltensstörungen und Stereotypien zählen dazu. Die Prägung ist eine bestimmte

Lernform, und es gibt bestimmte Zeitabschnitte im Leben einer Katze, in denen diese Prägung stattfindet, wobei die sensible Phase in der zweiten Lebenswoche beginnt. Bei einer versäumten Prägung dagegen fehlen die Objekte zum Lernen und Kennenlernen. Zwischen der sechsten und zehnten Lebenswoche gehen die Jungtiere zudem durch eine sogenannte **„Angstperiode“**. In dieser Zeit sollten sie keine traumatischen Erlebnisse haben, da diese sich fast unauslöschbar bis ins Erwachsenenalter manifestieren können. Auch später kann es jedoch noch zu traumatischen Erlebnissen kommen, wenn beispielsweise eine reine Wohnungskatze, die entlaufen ist, außerhalb der Wohnung in Panik gerät. Sie verkriecht sich und lässt sich dann mangels Erfahrung mit Fremden von niemandem anfassen.

Stereotypien sind Verhaltensweisen ohne eine genetische Ursache, die selbstbelohnend sind und oftmals aus normalen Verhaltensweisen, wie Körperpflege, Laufen oder Spielen entstehen. Zu einem stereotypen, also einem rituellen, in regelmäßigen Abständen immer wieder auftretenden Verhalten, das ohne Zusammenhang mit Umwelteinflüssen und/oder einer bestimmten Zeit oder Umgebung auftritt, zählen Schwanzjagen, Kreislaufen, Wollenuckeln sowie Schattenjagen ohne ein reales Beuteobjekt. Am Anfang steht immer ein Konflikt oder eine Frustration für die Katze, die sie nicht durch eine angemessene Reaktion lösen kann.

Stereotypien können regelrecht selbstzerstörerisch sein. Sie werden erworben, sind aber nicht durch Nachahmung erlernbar und entstehen durch eine nicht tiergerechte Haltung, zu wenig Bewegung, fehlende Abwechslung, monotone Haltungsbedingungen sowie dann, wenn keine Möglichkeiten zu sozialen Körper- und Sichtkontakten mit anderen Tieren bestehen. Insektenfangen ist ein normales Jagdverhalten, Fliegenfangen ohne existierende Fliegen dagegen nicht. Die Katze jagt dann eingebildeter Beute hinterher, die gar nicht real vorhanden ist. Diese und andere Stereotypien werden bis zur Erschöpfung ohne einen entsprechenden Zusammenhang mit Umwelteinflüssen ausgeführt. Vor allem bei Wohnungskatzen spielt der Umstand, sich unerträglichen Reizgegebenheiten nicht entziehen zu können beziehungsweise zu wenige

Anreize zu bekommen, bei der Entstehung eines neurotischen Verhaltens eine große Rolle.
Es handelt sich dabei um Verhaltensstörungen durch falsche Umwelt- beziehungsweise Haltungsbedingungen, Erfahrungs- beziehungsweise Lern-Entzug oder Ersatz- beziehungsweise Leerlaufhandlungen. Das eigentlich Krankhafte eines neurotischen Zustands ist erst durch eine chronisch anhaltende Überängstlichkeit gegeben, die längere Zeit auch nach dem Wegfallen der auslösenden Situation anhält.
Meistens kommt es auch zu einer verstärkten Neigung zu übertriebenen Schreckreaktionen mit einer erhöhten Fluchtneigung oder aber die erworbene Neigung zu extrem leicht auslösbaren Aggressionshandlungen. Ein weiterer Verdacht für eine Neurose ist die Unzweckmäßigkeit einer Verhaltensweise. Die Handlung der Katze ist der Situation dann weder angepasst noch angemessen.
Phobien können vielfältige Ursachen haben und haben ihre Wurzel oft zwischen der 3. und 12. Lebenswoche. Dabei handelt es sich um eine irrationale, anhaltende Angst vor harmlosen Objekten oder Situationen, wie beispielsweise die Angst vor Donner und Gewitter, vor (fremden) Menschen, vor dem Alleinsein oder um Trennungsangst.

Symptome

Es können Erregungssymptome auftreten, wie eine motorische Unruhe, Bewegungsstereotypien, Aggressivität gegenüber Menschen und/oder Artgenossen, klagende Lautäußerungen, unermüdliches sinnloses Rennen an die Wand, Hochspringen, die Zerstörung von Gegenständen.
Vegetative Störungen sind häufige Begleiterscheinungen zu starker oder aber blockierter Erregungsvorgänge. Dazu zählen Herzklopfen, Zittern, Atemnot, ein verstärkter oder verminderter Speichelfluss, der Verlust der Stubenreinheit. Zu psychosomatischen Symptomen können sogar Ekzeme, Furunkel, Magen- oder Darmgeschwüre, Unfruchtbarkeit, das Versiegen der Milchbildung und dergleichen zählen.

Zu den besonders häufigen Anzeichen bestehender Konfliktsituationen bei Katzen zählen das Schwitzen an den Sohlenballen, sich Kratzen oder Belecken, vermehrtes Gähnen in unpassenden Situationen, Zittern, ein besonders heftiger Speichelfluss, sinnloses Hin- und Herlaufen, extremes Kratzen auf dem Teppich oder an den Wänden, aggressive oder klagende Lautäußerungen, unvermittelter Harn- und Kotabsatz, Erbrechen.
Rolling Skin ist ein Symptom, das durch die Kontraktion eines dünnen Hautmuskels zustande kommt, den die Katze unter der Haut hat. Katzen zucken als Reaktion auf einen äußeren Reiz, einen Juckreiz und wenn sie angespannt oder erregt sind. Eine Katze, die nicht berührt werden oder überhaupt näheren Kontakt möchte, kann aber auch auf diese Weise reagieren, wenn sich ihr ein Mensch oder Artgenosse nähert. Ein gelegentliches Auftreten des Rolling Skin ist normal, wenn eine Katze dies aber mehrmals täglich zeigt, sollte es genauer betrachtet werden. Es kann dann das Symptom einer Angststörung sein, besonders unter beschränkenden, einengenden Lebensbedingungen, beispielsweise in einem Mehrkatzenhaushalt, oder aus einer Hyperaktivitätsstörung heraus entstehen.

Verhaltensauffälligkeiten

Bei Verhaltensauffälligkeiten dagegen verhält sich eine Katze ihren Instinkten entsprechend und gemäß dem, was sie gelernt hat, normal. Der Halter dagegen sieht dies nicht als normales Verhalten an und glaubt, dass eine Abweichung von der Norm besteht, die geändert oder therapiert werden muss. Bei Verhaltensauffälligkeiten haben Mensch und Tier eher Verständigungsschwierigkeiten und ein Problem miteinander, da der Mensch sie als der Situation nicht angemessen empfindet.
Halter beurteilen das Verhalten ihrer Katze jedoch ganz unterschiedlich. Somit besteht ein Problem oftmals nur zwischen diesem einen Tierhalter und dieser Katze. Erst das Zusammenspiel mit ihrem Menschen oder die Behandlung durch ihn macht eine Katze dann zu einem problematischen Tier. Jeder Tierhalter ist egoistisch, denn er hat sich die Katze in der Regel zu seinem Vorteil

und Spaß angeschafft. Oft werden Hauskatzen von ihren Haltern wie Kinder, andere Menschen oder wie Hunde behandelt, was eine nicht tierartgerechte Haltung sowie ein falsches Verhalten des Halters bedeutet und zu Problemen führen kann. Allerdings reagiert auch jede Katze individuell auf bestimmte Lebensumstände. Eine allgemeingültige Vorgehensweise kann es daher nicht geben. Wenn die Beziehung zwischen Halter und Katze nachhaltig gestört ist, sollte eine Verhaltenstherapie eingesetzt werden. Mit Euthanasie wird das Problem natürlich nicht gelöst, zudem der Halter sich meist wieder eine Katze anschafft und über kurz oder lang mit ihr die gleichen Problematiken erlebt.

Viele Verhaltensprobleme könnten vermieden werden, wenn der Katzenhalter sich rechtzeitig gezielt und sachlich über das arttypische Verhalten sowie die artgerechte Haltung einer Katze informieren würde. Qualifizierte Verhaltenstherapeuten oder Tierärzte mit einer Zusatzausbildung können ihm dabei helfen. Es gibt jedoch keine Patentlösung für die Therapie von Verhaltensproblemen, da bei der Wahl der Methode stets alle maßgeblichen Faktoren zu berücksichtigen sind, denn jede Mensch-Katze-Beziehung wird von verschiedenen, individuellen Merkmalen in ganz unterschiedlicher Kombination charakterisiert. Jeder Problemfall ist ein Einzelfall, der eine individuelle Lösung verlangt. Die auslösenden Faktoren sind dabei nicht nur für die Wahl der Therapie, sondern auch besonders für die Vermeidung von Verhaltensproblemen bedeutsam. Obwohl Katzen erstaunlich anpassungsfähig sind, gibt es Grenzen. Ein Leben, das nicht wenigstens einigermaßen artgemäß verläuft und in dem die Katze ihre elementarsten Bedürfnisse nicht ausleben kann, bedeutet ununterbrochenen Stress für das Tier. Dauerstress führt jedoch zu einer Schwächung des Immunsystems und damit zu Erkrankungen oder Verhaltensauffälligkeiten. Verhaltensprobleme werden bei Katzen daher vor allem durch ungeeignete Haltungsbedingungen sowie durch eine ungünstige Lebenssituation hervorgerufen. Ein Verhaltensproblem kann wie eine Krankheit zunächst nur unterschwellig bestehen. Während dieser Zeit wird das im Verborgenen bestehende Problem der Katze vom Halter nicht bemerkt und bricht oft erst in Stresssituationen aus.

Verhaltensauffälligkeiten schleichen sich also langsam ein, können aber auch ganz plötzlich auftauchen. Manchmal ist auch nur eine mangelnde Erziehung die Ursache für ein unerwünschtes Verhalten. Als Erstes ist möglichst zu klären, ob die Katze krank ist, besonders bei Unsauberkeit, plötzlichem aggressivem oder depressivem Verhalten, bei unerklärlicher Unruhe, Zerstörungswut, Apathie oder Appetitlosigkeit. Steckt eine psychische Störung oder eine schlechte Angewohnheit dahinter, sollte die Ursache gefunden sowie unterstützend mit naturheilkundlichen Mitteln therapiert werden.

Die Kennzeichen von Verhaltensauffälligkeiten sind lediglich abweichende Verhaltenselemente, die sich in Dauer, Häufigkeit, räumlicher sowie zeitlicher Abfolge unterscheiden. Dabei handelt es sich um ein normales Verhalten, das jedoch beispielsweise in übertriebenem und unangemessenem Maße gezeigt wird. Fellpflege durch Lecken sowie Beknabbern ist ein normales Komfortverhalten, wogegen übertriebene Fellpflege an den Flanken, Pfoten oder am ganzen Körper, Over-Grooming genannt, ihre Ursache in mangelnder Beschäftigung sowie fehlenden Aufgaben hat und eine Störung in Form von Selbstaggression darstellt.

Ursachen für Verhaltensauffälligkeiten

Es gibt viele verschiedene allgemeine Ursachen für Verhaltensauffälligkeiten. Dazu zählen eine negative Prägung oder mangelnde Sozialisierung sowie schlechte Erfahrungen. Manches kann auch hormonell bedingt sein, was dann unter Umständen eine Kastration ratsam macht. Weitere Gründe können eine nicht artgerechte Haltung, Katzen die nicht zusammenpassen und/oder zu viele Katzen beziehungsweise Heimtiere im Haushalt sowie zu wenig Platz und/oder Struktur sein. Jedes Tier braucht jederzeit einen ruhigen Rückzugsort, an den es sich alleine und ungestört zurückziehen kann. Auch die Angst vor anderen Katzen, Haustieren oder vor Menschen kann ein Auslöser für auffälliges Verhalten sein. Die Katze fühlt sich gemobbt, ständig belauert oder sogar angegriffen, bedroht, fürchtet sich vor einem bestimmten Menschen, fremden

Besuchern oder ist gar nicht auf Menschen sozialisiert und hat generell Angst vor ihnen. Wenn eine Katze mit etwas überfordert ist oder falsche sowie übersteigerte Erwartungen ihres Halters an sie gestellt werden, kommt sie damit oftmals ebenfalls nicht zurecht und reagiert auffällig. Natürlich können auch genetische Faktoren, eine Krankheit, ein Tumor oder bestimmte fehlgesteuerte Prozesse im Gehirn eine Rolle spielen.

Wenn die täglichen Gewohnheiten und Aktivitäten entfallen oder sich verändern, bedeutet dies für eine Katze besonderen Stress. Beispielsweise muss sie während des Urlaubs in eine Pension und kommt dort in einen engen Käfig ohne Ansprache oder Beschäftigung oder als Einzelkatze in eine Katzengruppe. Die möglichen Folgen bei ihrer Rückkehr in den eigenen Haushalt sind dann Apathie, Angst mit einem überzogenen Fluchtverhalten, eine gestörte Futteraufnahme, übertriebene Fellpflege oder Unsauberkeit. Bei einer Katze, die mit Müdigkeit oder Apathie reagiert und sich häufig versteckt oder sogar verkriecht, können mögliche Ursachen Langeweile, Kontaktscheu, Ängstlichkeit, veränderte Familienverhältnisse, falsche Erziehungsmethoden, womöglich mit Bestrafung, oder gesundheitliche Probleme sein. Der Halter sollte sich dann am besten häufig mit der Katze beschäftigen und regelmäßig mit ihr spielen, ihr Zeit geben, sich umzugewöhnen und sie mit viel Geduld unterstützen. Es sollte ihr eine ruhige Umgebung angeboten sowie gelernt werden, die Katze zu verstehen und richtig zu erziehen.

Ist eine Katze unruhig, leidet unter Appetitlosigkeit, verspritzt Urin an senkrechten Stellen, reibt ihr Köpfchen ständig an Gegenständen, ist zudem unruhig, schreit, will hinaus und neigt zum Streunen, kann Rolligkeit bei einer Katze oder der Geschlechtstrieb bei einem unkastrierten Kater die Ursache sein. Das Markierungsverhalten ist dann territorial bedingt beziehungsweise soll Artgenossen über den Wunsch nach Fortpflanzung informieren. Eine Kastration kann hier Abhilfe schaffen.

Verweigert die Katze plötzlich das Futter, gibt es auch hier viele mögliche Ursachen. Sie kann durch den Verlust eines Familienmitglieds, ihrer Bezugsperson oder einer Mitkatze verunsichert sein, oder aber im Gegenteil, wenn ein solches Lebewesen plötzlich unvermittelt in Erscheinung tritt. Sie kann beispielsweise aufgrund von Unterdrückung durch eine andere Katze leiden. Natürlich kann es sich auch um eine Abneigung gegen eine neue Futtermarke handeln. Appetitlosigkeit beziehungsweise Futterverweigerung kann ebenso das erste Anzeichen einer Erkrankung sein oder aber durch Schmerzen, beispielsweise aufgrund einer Zahnfleischentzündung, ausgelöst werden. Letzteres sollte der Tierarzt abklären. Ansonsten gilt, sich viel mit der Katze zu beschäftigen, ihre Lieblingsleckerbissen anzubieten, um sie wieder auf den Geschmack zu bringen, oder ihr einen eigenen Fressplatz in einem anderen Raum zu geben, um Störungen oder Belästigungen zu vermeiden. Man sollte es zudem einmal mit einem anderen Futter versuchen, denn dass ihr das Dargebotene einfach nicht schmeckt, ist immer noch der einfachste und harmloseste Grund.

Ist eine Katze gereizt, bewegt sich meistens geduckt und schläft nur an geschützten Plätzen, kann die mögliche Ursache eine Angst-Aggression sein. Vielleicht wird sie von anderen Katzen, Haustieren oder Kindern geärgert. Auch zu häufiges und zu langes Alleinsein kann manche Katzen verunsichern und ihnen ihre Selbstsicherheit rauben. Ein Umzug oder veränderte Familienverhältnisse können sie ebenso aus der Bahn werfen wie ein Mangel an Zuwendung.

Auch hier ist es sehr wichtig, den richtigen Umgang mit der Katze zu lernen und vor allem auch Kindern beizubringen. Diese sollten von Anfang an an Rücksicht gegenüber anderen Lebewesen gewöhnt werden. Hier sind unter anderem die bewährten Lehrsätze hilfreich: „Was du nicht willst, was man dir tu, das füg' auch keinem anderen zu." und „Quäle nie ein Tier zum Scherz, denn es fühlt genau wie du den Schmerz." Diese Empfehlungen sind ganz einfach und doch sehr aussagekräftig sowie immer noch aktuell. Schon kleine Kinder sollten entsprechend herangeführt werden, und es empfiehlt sich, sie möglichst nicht mit Tieren alleine zu lassen, um jederzeit eingreifen zu können.

Ein plötzliches Missachten von Verboten kann eine Katze zeigen, wenn es erst kürzlich Ausnahmen von einer festgelegten Regel

gab. So etwas wird von ihr augenblicklich als Aufhebung des Verbots aufgefasst. Darum ist Konsequenz in der Erziehung definitiv unerlässlich und Grundvoraussetzung für bestimmte Regeln im Miteinander.
Knabbert eine Katze an Zimmerpflanzen oder gräbt in Blumentöpfen, liegt die Ursache in den meisten Fällen an Langeweile oder aber an einer nicht ausgewogenen Ernährung und somit dem Bedarf an Grünnahrung. Beides sollte natürlich als Erstes abgestellt werden. Zudem ist es wichtig, alle Pflanzen möglichst außer Reichweite der Katze zu platzieren und sich generell von giftigen Pflanzen zu trennen. Ihr müssen aber auch Alternativen angeboten werden, wie ein Topf mit Katzengras. Zudem muss natürlich für viele interessante Beschäftigungsmöglichkeiten gesorgt werden, damit die Katze sich ausgelastet fühlt und nicht mehr „auf dumme Gedanken kommt". Die Blumenerde kann mit großen Steinen oder einem speziellen Plastikgitter aus dem Fachhandel bedeckt werden. Gelegenheit macht Diebe, und darum sollte man eine Katze, die Gefallen an solchen Aktivitäten hat, nicht noch in Versuchung führen.
Eine Katze, die ihr Fell nicht mehr oder nur noch ungenügend putzt, kann beispielsweise krank sein oder körperliche Beschwerden haben, sodass die Fellpflege mit Schmerzen verbunden ist. Auch starkes Übergewicht trägt dazu bei, dass die Katze sich nicht mehr ausreichend bewegen kann und nicht mehr alle Körperstellen erreicht. Hier empfiehlt sich ein Tierarztbesuch und im gegebenen Fall eine spezielle Diät sowie mehr Bewegung.

Der Verhaltens-Check

Das Meiste, was dem Menschen als Verhaltensproblem oder „schlechtes Benehmen" der Katze erscheint, ist in Wirklichkeit ein absolut normales, natürliches und sogar notwendiges Verhalten für ihr Wohlbefinden. Nachts wild durch die Wohnung zu toben und die Einrichtung zu zerkratzen, ist für eine Katze normal, denn sie ist ein nachtaktives Tier und muss ihre Krallen schärfen. Um zu verstehen, warum die Katze etwas tut, muss die Welt aus ihrem

Blickwinkel betrachtet und dürfen ihr keine menschlichen Beweggründe unterstellt werden. Katzen werden manchmal unsauber, weil ihr starkes Territorialverhalten oder aber Unsicherheit sie dazu zwingt und nicht, weil sie sich rächen wollen. Möbel werden zerkratzt, um die Krallen zu pflegen, und nicht aus Bosheit. Es ist nicht fair und obendrein unmöglich, von einer Katze zu erwarten, dass sie sich anders als eine Katze benimmt. Also sollten ihr weder das Kratzen noch das Toben durchs Haus verboten, sondern ein Weg gesucht werden, um dieses Verhalten in andere Bahnen zu lenken. Ein Kompromiss sozusagen, der die Bedürfnisse und den Lebensstil der Katze sowie des Halters miteinander vereinbart.
Katzen, die sich außerhalb der Norm, also menschlicher Wertvorstellungen, verhalten, werden nach menschlichen Maßstäben als „beleidigt", „protestierend", „rachsüchtig" oder „dominant" beurteilt. Unerwünschte Verhaltensweisen sind jedoch keine „Denkzettel" einer Katze, sondern viel eher ernst zu nehmende Hilferufe, um darauf hinzuweisen, dass für sie etwas in ihrem Umfeld nicht stimmt. Und daran kann nur der Mensch etwas ändern.
Vieles kann die Katze dem Menschen durch ihre Körper- und Lautsprache verständlich machen, wie Freude, Ärger, Schmerz oder Wünsche. Voraussetzung ist natürlich, dass er diese Signale überhaupt versteht und richtig einschätzen kann. Am besten sollte sich jeder einmal ganz konkret Gedanken machen, wie er bestimmte Wünsche und Bedürfnisse zum Ausdruck bringen würde, wenn er lediglich über das Verhaltensrepertoire einer Katze verfügen würde, also nicht sprechen und sich nicht in unserer Körper- oder Zeichensprache, sprich mit Händen und Füßen, ausdrücken könnte. Wer diese Übung tatsächlich einmal macht, wird feststellen, wie naheliegend vieles ist, was die Katze an Verhalten zeigt, da sie keine anderen Ausdrucksmöglichkeiten hat.
Trotzdem genügen die oben genannten einfachen Ausdrucksformen nicht, wenn es für die Katze darum geht, Probleme zu bewältigen. Der Katze bleibt nicht viel anderes übrig, als sich den Gewohnheiten ihrer Menschen anzupassen oder auf ihre Weise ihre Verzweiflung kundzutun beziehungsweise zum Ausdruck zu bringen, dass sie nicht anders damit umgehen kann. Katzen versuchen

immer, sich durch Kompensation mit den Gegebenheiten zu arrangieren. Dies tun sie natürlich auf ihre Weise, die für den Menschen nicht immer akzeptabel ist.
Allein die Wohnverhältnisse weichen häufig so erheblich von den natürlichen Lebensbedingungen einer Katze ab, dass die Anpassung an die Lebensweise in solchen Lebensräumen oftmals notgedrungen auf eine Weise verläuft, die dem Halter nicht gefällt. Da muss man doch als Katze einfach seinen eigenen vertrauten Geruch an bestimmte Stellen setzen, um diese als Revier zu kennzeichnen, das die vielen anderen Mitbewohner respektieren sollen. Und das geht für eine Katze nun einmal am besten mit Urin. Belastungen werden von einer Katze in einem für den Menschen oftmals unverständlichen Verhalten oder aber durch körperliche Störungen ausgedrückt. Es ist ihre Art, sich mitzuteilen und Aufmerksamkeit zu erregen. Sie kann nicht sprechen, keinen Brief schreiben und sich keinen Fürsprecher besorgen. Also hinterlässt sie entsprechende Botschaften auf ihre Weise.
Langeweile, von Vernachlässigung gar nicht zu reden, macht eine Katzenseele krank. Katzen zeigen dann oft erst ganz dezent, dass sie unglücklich sind, was die meisten Menschen aber nicht erkennen oder einfach übersehen. Fühlt eine Katze sich jedoch über lange Zeit unverstanden, wird sie einfach zu deutlichen, gravierenderen Methoden greifen, die ihr Mensch auf jeden Fall versteht oder auf die er zumindest aufmerksam wird.
Leider fällt immer nur ein negatives Verhalten besonders auf. Macht die Katze alles „richtig“ oder verhält sich wie immer, bemerkt niemand etwas. Daher zeigt eine Katze dem Menschen beispielsweise gelegentlich mit ihren Krallen lediglich, dass er sich falsch verhalten hat und sie sich damit nicht wohlfühlt. Man könnte es mit: „Lass das bitte endlich!“ übersetzen. Mit ihren Ausdrucksmitteln macht sie deutlich, dass sie sich unwohl fühlt oder dass ihr die Lebensumstände oder bestimmte Veränderungen nicht zusagen. Sie macht darauf durch Unsauberkeit, große Unruhe, extreme Zurückhaltung oder andere Verhaltensauffälligkeiten aufmerksam, die nicht einfach durch Erziehung, sondern nur mit Einfühlungsvermögen sowie einer Therapie behoben werden können.

Sofern keine organische Erkrankung vorliegt, muss ein anomales oder einfach unverständliches Verhalten immer als Mitteilung einer Katze betrachtet werden. Es gilt darum, sich in eine Katze hineinzuversetzen und sie genau zu beobachten. Ursachenforschung ist angesagt, und wenn sich herausstellt, welche Veränderungen in letzter Zeit stattgefunden haben, ist es oftmals nicht mehr verwunderlich, dass ein sensibles Tier wie eine Katze auf eine solche Weise reagiert hat. Die Lösung der Probleme ist häufig ganz einfach, wenn die Ursachen der Unzufriedenheit einer Katze erst einmal erkannt wurden.

Der Ursachen-Check

Katzen können in ihrem inneren Gleichgewicht so empfindlich gestört werden, dass sie daraufhin mit unerwünschtem Verhalten reagieren. Diese Problemverhaltensmuster treten vor allem meistens dann auf, wenn neue, unter Umständen vom Menschen verursachte Situationen eine Katze überfordern und sie darauf mit Angst oder Verwirrung reagiert. Wenn es zwischen Mensch und Katze zu Schwierigkeiten kommt, gibt es dafür immer nur einen Verantwortlichen: den Menschen. Er misst die Katze mit falschen Maßstäben, hat überzogene sowie falsche Erwartungen, stellt unerfüllbare Anforderungen oder erkennt schlichtweg nicht, in welcher Lage sich seine Katze befindet.
Einer der häufigsten Fehler ist es, Katzen wie einen Menschen oder einen Hund zu behandeln. Dadurch kommt es immer wieder zu Missverständnissen. Oft wissen Katzenhalter zu wenig über das normale Verhalten und die grundlegenden Bedürfnisse ihrer Tiere. Auch Inkonsequenz erschwert das Miteinander für beide Seiten.
In meinem Buch „Coaching für Katzenhalter" gehe ich ausführlich auf den richtigen Umgang mit der Katze, ihre Bedürfnisse sowie Missverständnisse, Fehleinschätzungen und Irrtümer ein.

Am besten sollte sich ein Katzenhalter bei einem unerwünschten oder auffälligen Verhalten die folgenden Fragen stellen:
Verständigung Wie verständigen sich Katzenhalter und Katze ei-

gentlich miteinander? Findet überhaupt eine Form der Kommunikation sowie eine regelmäßige Beobachtung seitens des Halters statt?

Bedürfnisse Bekommt die Katze ausreichend Zuwendung, Bewegung, Abwechslung, eine hochwertige Ernährung und zuverlässige Pflege?

Lebenssituation Wie sieht der Alltag aus? Kann die Katze die ihr angeborenen Verhaltensweisen ausleben?

Vorbeugung Wie kann die auslösende Ursache für das Problem ausgeschaltet werden?

Fressen Schmeckt das Futter oder wurde gerade die Futtersorte gewechselt? Ist der Napf sauber? Steht das Futter in genügender Entfernung zur Katzentoilette? Hat die Katze die nötige Ruhe zum Fressen? Handelt es sich um ein hochwertiges Futter, das im Normalfall für Wohlbefinden bei der Katze sorgt?

Katzentoilette Wurde sie an einen anderen Platz gestellt, eine neue Sorte Streu eingefüllt, ein anderes Reinigungsmittel verwendet, seltener sauber gemacht? Steht die Toilette an einer ruhigen Stelle? Wird die Katze bei der Benutzung durch Menschen oder andere Haustiere gestört?

Ruheorte Gibt es genügend Schlaf- und Rückzugsplätze in der Wohnung? Kann die Katze auf einem erhöhten Platz liegen? Hat sie ausreichend Ruhe oder wird sie ständig aufgeschreckt?

Beschäftigung Ist der Katze langweilig? Hat sie genügend Spielzeug, Schachteln, Kartons, Höhlen und generelle Abwechslung? Verfügt sie über einen ausreichend großen und interessanten Kletter- oder Kratzbaum? Darf sie sich möglichst in allen Räumen frei bewegen oder gibt es geschlossene Türen und verbotene Zonen? Gibt es ausreichend Platz zum Rennen in der Wohnung? Hat sie Ausblick durch ein Fenster oder vom Balkon aus nach draußen?

Gesellschaft Hat sie Spielkameraden, Tiere oder Menschen, oder ist sie die meiste Zeit des Tages alleine?

Zuwendung Bekam sie in letzter Zeit weniger Aufmerksamkeit und Streicheleinheiten? Wird täglich ausreichend interaktiv mit ihr gespielt? Muss sie plötzlich die Zuneigung mit einem neuen Familienmitglied oder einem neuen Haustier teilen?

Veränderungen Wurden lieb gewonnene Gewohnheiten eingestellt oder die Routine verändert? Gab es irgend etwas Neues oder Ungewohntes in ihrem Leben? Gab es unangenehme Vorkommnisse? Wurde ihr Lieblingsspielzeug, Schlafkorb oder eine Kratzgelegenheit entfernt oder ausgewechselt?
Gesundheit Könnte eine Krankheit der Auslöser für das störende Verhalten sein?

Weitere Ursachenforschung

Sämtliche Lebensphasen beeinflussen das Katzenverhalten. Eine große Rolle spielt die Lebenssituation einer Katze vor allem beim Ergründen von jäh aufgetretenen Verhaltensänderungen. Katzen, die Freigang haben, sind weitaus mehr Ereignisquellen ausgesetzt, die dem Halter in der Regel verborgen bleiben, jedoch besonders Verhaltensauffälligkeiten verursachen können. Bei Wohnungskatzen dagegen sind es manchmal minimale Ursachen, die das Wohlbefinden drastisch beeinträchtigen. Ist eine körperliche Erkrankung durch den Tierarzt ausgeschlossen worden, stellt sich die Frage nach der seelischen Ursache. Veränderungen in den Lebensumständen können eine Katze in Lethargie und Depression fallen lassen, aber sich auch genau gegenteilig äußern. Hier spielen wieder einmal Temperament und Veranlagung eine Rolle.

- Ist ein neuer Artgenosse in die Familie aufgenommen worden?
- Oder ein anderes Haustier?
- Gibt es ein neues Familienmitglied, wie ein Baby, einen Lebenspartner oder Ähnliches?
- Ist ein Familienmitglied oder eine Bezugsperson verschwunden?
- Ist ein anderes Haustier gestorben?
- Ist ein Familienmitglied krank oder schwanger?
- Gab es in letzter Zeit Streit, lautstarke Auseinandersetzungen, Türenknallen oder Ähnliches?
- Ist die junge Wohnungskatze vielleicht einfach sehr früh und unversehens geschlechtsreif geworden?
- Ist ein Umzug erfolgt?

- Wurden neue Möbel angeschafft?
- Wurde ein Lieblingsmöbel der Katze entfernt?
- Wurde die Wohnung renoviert? Riecht es unangenehm nach Lack oder Farbe? Waren laute Handwerker da?
- Benutzt der Halter ein neues Parfüm, Raumspray, Putzmittel?
- Hat sich der Alltag generell verändert? Gibt es eine andere Routine oder gar keine mehr?
- Könnte die Katze etwas Bestimmtes vermissen?
- Gibt es neue Arbeits- oder Abwesenheitszeiten? Ist die Katze mehr oder zu lange allein?
- Hat ein Halterwechsel stattgefunden?
- Hatte die Katze einen Unfall? Auch wenn es ohne Verletzung abging, war es doch ein sehr großer Schreck.
- Ist die Katze gestürzt oder hat sich anderweitig verletzt?
- Hatte die Katze Schreckerlebnisse, wie knallende Feuerwerkskörper oder ähnliches?
- Gab es Unglücksfälle wie einen Wohnungsbrand oder ähnliches?

Bei Katzen mit Freigang können diese Fragen hilfreich sein:

- Gibt es dominante Artgenossen in der Nachbarschaft oder einen katzenfeindlichen Hund?
- Wird die Katze regelmäßig gejagt?
- Hat eine Konfrontation mit einem überlegenen Feind stattgefunden, eventuell auch ein Entkommen in letzter Sekunde, was trotzdem Todesangst bedeutet?
- Wurde die Katze geschlagen, getreten, mit einem Stein beworfen oder sogar misshandelt?
- Ist ein fremdes Tier ins Haus eingedrungen oder war zu Besuch?
- Ist ein Wildtier in die unmittelbare Umgebung eingewandert?
- Kann es eine im dichten Fell unbemerkt gebliebene Schussverletzung, beispielsweise durch eine Schrotkugel geben?
- Ist die Katze ungewöhnlich lange draußen gewesen?
- Kam die Katze verstört von einem Ausgang zurück?
- Wird die Katze nach einem Umzug zwecks Eingewöhnung, was natürlich notwendig ist, zur Zeit nur drinnen gehalten?
- Hing die Katze sehr an ihrer früheren Umgebung?

Manchmal ist es nicht möglich, die Ursache einer Verhaltensauffälligkeit herauszufinden oder eine gefundene Ursache zu beheben. Dann geht es um Linderung und behutsames Gewöhnen an die veränderten Umstände durch ein liebevolles Eingehen auf die Katze. Es gilt, Mittel, Möglichkeiten und neue Wege zu entdecken, um ihr zu helfen. Ganz entscheidend sind sehr viel Geduld sowie die Ruhe zu bewahren, denn Unruhe überträgt sich vom Menschen auf die Katze und verschlimmert eine Situation zusätzlich. Sehr viel Verständnis und Zuwendung, behutsames gemeinsames Spielen, viele Kuscheleinheiten, falls die Katze körperliche Nähe zulässt und genießt, können zu einer Entspannung führen.
Ein Verhaltenstherapeut wird eine Kombination aus Haltungsänderung, Verhaltenstraining und ganzheitlicher Therapie, wie beispielsweise Bach-Blüten, empfehlen. Wichtig ist, dass alles lange genug durchgeführt wird, denn Erfolge lassen sich unter Umständen erst nach einiger Zeit feststellen. Selbst wenn sich ein für die Katze inakzeptabler Lebensumstand nicht ändern lässt, wird sie ihre Verhaltensauffälligkeit einstellen, sobald sie sich wieder geliebt, angenommen und sicher fühlt. Das Ziel muss immer sein, dass die Katze von sich aus dieses auffällige Verhalten einfach nicht mehr braucht.
In meinem Buch „Coaching für Katzenhalter" finden Sie einen sehr umfangreichen Analyse-Check, mit dem Sie anhand von zahlreichen Fragen erkennen können, wo die Ursache für ein auffälliges Verhalten Ihrer Katze liegt beziehungsweise was ihr fehlt oder womit sie Probleme haben könnte.

Keine Bestrafung

Strafen in Form von Schlägen machen alles nur noch schlimmer. Doch auch andere Bestrafungsmethoden sind unangebracht. Das Fehlverhalten ist entweder gar keines, weil sich die Katze aus ihrer Sicht völlig normal verhält und damit unbedingt auf etwas aufmerksam machen will, oder aber der Mensch hat es einfach aus Unwissenheit oder aufgrund mangelnder Erziehung provoziert. In keinem dieser Fälle gibt es einen Anlass zur Bestrafung, sondern

Einfühlungsvermögen sowie die Beseitigung der Ursachen sind angesagt. Eine Strafe bewirkt keinerlei Verbesserung des Verhaltens, denn die Katze kann sich nicht anders verhalten, weil sie sich nicht anders zu helfen weiß.

Angst vor oder durch Strafe vergrößert dagegen den Stress und die Unsicherheit nur noch. Die Katze wird höchstens ihr Verhalten nicht in Anwesenheit des Halters zeigen, sondern es in seiner Abwesenheit ausüben. Solange der Auslöser nicht gefunden und die Ursache behoben beziehungsweise die Situation für die Katze erträglich ist, muss sie an ihrem Verhalten festhalten. Sie kann nicht anders.

Darum ist es äußerst wichtig, dass der Halter bei einem auffälligen Verhalten richtig reagiert und nicht die Unsicherheit, das Unwohlsein oder die Irritation durch seine Reaktion noch verstärkt. Vielmehr gilt es, unerwünschtes Verhalten einfach zu ignorieren und erwünschtes Verhalten zu belohnen. Nur auf diese Weise erkennt die Katze, welche Verhaltensweise richtig ist und sich für sie lohnt.

Zu langes Alleinsein

Die Störungen bei Katzen, die täglich mehr als acht Stunden und oft auch noch abends alleine sind, zeigen sich in unterschiedlichen Formen, je nach dem Naturell der Katze. Zudem können sie innerhalb von Wochen oder Monaten von einer Stufe in eine andere übergehen.

- Die Katze zieht sich zurück, schnurrt und miaut kaum noch, wirkt unausgelastet und lethargisch.
- Die Katze wird unruhig, kratzt an Tapeten und Möbeln und reagiert ihre aufgestauten Energien beispielsweise an Blumentöpfen oder dem Papierkorb ab.
- Die Katze wird unsauber, nutzt ihre Katzentoilette nicht mehr oder nicht mehr ausschließlich und uriniert vielleicht sogar ins Bett.

Ein berufstätiger Halter sollte morgens mindestens eine halbe Stunde und abends eine Stunde für die Katze da sein, mit ihr sprechen, spielen, sie streicheln.

Es bietet sich an, eine zweite Katze dazuzunehmen. Dabei ist jedoch wichtig, dass die Wohnung groß genug ist, sodass jede ein eigenes Rückzugsgebiet hat. Allerdings entbindet auch die Gesellschaft eines Artgenossen den Halter nicht vollständig von seinen sozialen Pflichten. Beide Katzen brauchen unbedingt ausreichend Aufmerksamkeit, Ansprache und das regelmäßige Spielen.

Typische Probleme im Mehrkatzenhaushalt

In vielen Mehrkatzenhaushalten leben Katzen zusammen, die nicht wirklich zueinander passen. Es gibt psychologische sowie soziale Störungen bei Katzen im Mehrkatzenhaushalt. Neben Markieren und Unsauberkeit sind Aggressionen innerhalb der Katzengruppe das zweithäufigste Problem. Kleine Konflikte sind im Zusammenleben unvermeidlich und durchaus normal. Werden sie allerdings zum Dauerzustand, beeinträchtigen sie die Lebensqualität und das Wohlbefinden der Katzen entscheidend.

Zusammenlebende Katzen können ganz unterschiedliche Beeinträchtigungen ihres emotionalen Zustandes erleiden und ebenso verschiedene Reaktionen darauf entwickeln. Probleme werden häufig, aber nicht ausschließlich, von Veränderungen in der sozialen Gruppe, wie der Neuankunft, dem Verlust, einer Erkrankung oder Behinderung, dem Altern oder aber einem Tierarzt- oder sogar Klinikaufenthalt einer Katze ausgelöst. Es kann also gut sein, dass die Gruppenmitglieder bisher gut miteinander auskamen, aber es dann ganz plötzlich oder aber schleichend nicht mehr funktioniert. Auch der sexuelle Status eines Tieres kann eine Rolle spielen. Sei es, dass es auf einmal geschlechtsreif wird oder aber unvermittelt kastriert ist. In einer Gruppe gibt es zudem immer mindestens eine passive und eine aktive Katze. Beide können an einer generalisierten Angststörung leiden, bei der typischerweise drei Phasen beobachtet werden können.

Distanzierung Diese Phase ist in den ersten Wochen einer neuen Begegnung normal, hält sie jedoch deutlich länger an, kann sie ein Symptom sein.

Auseinandersetzung In der zweiten Phase wird die passive Katze, manchmal nur zu bestimmten Zeiten, von der aktiven Katze ver-

folgt und attackiert. Die aktive Katze bedrängt die passive, die zunehmend Angstsymptome zeigt oder aber ihrerseits beginnt, Aggressionen zu zeigen.
Belagerung Die aktive Katze belauert die passive Katze und dringt in ihre Rückzugszonen ein. Die aktive Katze wird überaus wachsam, kontrollierend und wandert suchend umher. Häufig zeigt die passive Katze dann ein wellenartiges Zucken der Rückenhaut sowie unruhiges Schwanzschlagen. Es kann von beiden Katzen eine auf Menschen oder andere Tiere umgerichtete Aggression geben sowie Markieren mit Urin. Die passive Katze wird immer gehemmter, bis zur Depression, und zieht sich immer mehr zurück. Sie traut sich dann meist gar nicht mehr aus ihrem Versteck heraus und bewegt sich gar nicht mehr frei in der Wohnung. Sie ist in ihrer Bewegungsfreiheit und natürlich in ihrer Lebensqualität deutlich eingeschränkt. Sie kann ein übersteigertes Putzverhalten zeigen und sich kahl lecken. Ebenso kann es außerdem zu einer Angstaggression kommen, die sich sogar gegen den Menschen richten kann, wenn er versucht, sie aus ihrem Versteck zu holen. In extremen Fällen reduziert sich ihre Bewegungsfreiheit auf Null, sodass sie sogar Kot und Urin in ihrem Versteck absetzt, weil sie sich nicht zur Toilette traut. Das Gleiche gilt für Futter und Wasser, sodass sie weder frisst noch trinkt.
Alle genannten Alarmzeichen sind unbedingt zu beachten, und der Katzenhalter sollte sich schnellstens professionelle Hilfe suchen. Letztendlich fühlen sich beide Tiere nicht wirklich wohl und stehen ständig unter Stress und Druck. Das Ganze wirkt sich zudem auf die gesamte Katzengruppe aus. Auch andere Tiere können sich dann irritiert und verunsichert fühlen und ebenfalls ein auffälliges Verhalten entwickeln. Ich kann immer wieder nur betonen: „Wehret den Anfängen“, bevor sich die Fronten verhärten und sich das jeweilige Verhalten etabliert.

Ernährungsbedingte Ursachen

Nicht nur die Gesundheit, sondern auch das Verhalten einer Katze kann durch eine falsche Ernährung beeinflusst werden. Wenn

Katzen einige Zeit mit ungeeigneter Nahrung gefüttert werden, wirkt sich das aus. Bei einer Katze, die ohne ausreichende Mengen an Taurin ernährt wird, weil sie beispielsweise Hundefutter bekommt, degeneriert die Netzhaut, und es kommt zur kompletten Erblindung. Es kann dann einige Zeit dauern, bis der Halter bemerkt, dass etwas nicht stimmt, da sich eine Katze, die ausschließlich drinnen gehalten wird, ganz gut mit einem Sehmangel arrangieren kann, sodass das Problem über einen längeren Zeitraum gar nicht auffällt. Bemerkt der Halter dann aber, dass sich seine Katze „irgendwie seltsam benimmt", wird dies womöglich als auffälliges Verhalten interpretiert. Wenn eine Katze dann nämlich plötzlich auf Geräusche im Haus übermäßig reagiert oder manchmal sehr distanziert zu wirken scheint, glaubt der Halter womöglich, sie leide an Halluzinationen und sei verhaltensgestört. Dabei handelt es sich um eine nachlassende Sehfähigkeit und somit um rein medizinische Gründe für ihr Verhalten.

In einigen Fällen ist auch ein deutlicher Zusammenhang zwischen Verhalten und Ernährung zu erkennen. Bei Problemen, die immer in einem entsprechenden Zeitintervall nach der Fütterung auftreten oder solchen, die auf eine allergische Reaktion hindeuten, ist immer zuerst eine Änderung der Ernährung zu empfehlen. Auch wenn zeitgleich mit einer Verhaltensveränderung eine Fellveränderung oder Futterverweigerung auftritt, kann dies ein Hinweis auf eine allergische Reaktion sein. Das gilt besonders, wenn sich das Verhaltensmuster nach der Fütterung zu verschlimmern und vor einer erneuten Fütterung leicht zu verbessern scheint. Ein auffälliges Verhalten kann sich dann in Unberechenbarkeit, Reizbarkeit oder sogar Aggressivität äußern. Wie bereits in meinem Buch *Coaching für Katzenhalter* erwähnt, kann sich vor allem der zu häufige Verzehr von Thunfisch durch ein aggressives oder unruhiges Verhalten auswirken.

Gerade bei einem neurotischen Verhalten, wie übermäßigem Lecken oder Knabbern am eigenen Schwanz, Fressen von Kot oder Katzenstreu sowie von Wolle oder Plastik empfiehlt es sich, auf ein hochwertiges Futter umzustellen.

Gründe für Verhaltensauffälligkeiten

Bei manchen Verhaltensauffälligkeiten der Katze sind die offensichtlichen Verbindungen zwischen Ereignissen im unmittelbaren Umfeld und dem problematischen Verhalten oftmals nicht oder nur schwer zu erkennen. Für die meisten Verhaltensauffälligkeiten gibt es jedoch eine deutlich definierbare Problemsituation sowie einen speziellen Zusammenhang, in dem das Verhalten immer wieder auftaucht.

Faktoren für Verhaltensauffälligkeiten können sowohl psychischer Art sein in Form von

- Stress
- Angst
- Depression
- Frust
- Langeweile
- Eifersucht

als auch körperlicher Art in Form von

- Schmerzen
- Erkrankungen
- Allergien

als auch auftreten aufgrund von

- mangelnder Sozialisation
- unzureichenden Haltungsbedingungen
- Veränderungen im Umfeld

Die Ursachen einer Verhaltensauffälligkeit sind nicht nur bei der Katze sowie den besonderen Lebensumständen, wie Umzug, umgestellte Möbel, zu wenig Bewegungs- und Betätigungsmöglichkeiten, verschlossene Türen, ungünstige Platzierung von Fressplätzen und Katzentoiletten, sondern oftmals auch im Verhalten des Katzenhalters selbst zu suchen.

Eine zuverlässige Versorgung, die der Halter seiner Katze zuteil werden lässt, kann den Aufbau einer Beziehung zwischen beiden fördern, genügt aber nicht, um sie aufrechtzuerhalten. Andere Interaktionen wie Streicheln, Spielen, Ansprache, Einbeziehen in den Alltag und so weiter sind notwendig, um die entstandene Bindung zu festigen.

Grundsätzlich wird das Zusammenleben von Mensch und Katze von mehreren entscheidenden Faktoren beherrscht. Dazu gehören die Fütterung mit allem, was damit zu tun hat, der gegenseitige Ausdruck von Zuneigung, der richtige Umgang, das Wohnen und Schlafen im gemeinsamen Heim, dessen Sauberhaltung, die Pflege und das Spielen. Verhält sich eine Katze in einem dieser Bereiche ungewöhnlich, stört dies den Katzenhalter.

Wodurch Verhaltensauffälligkeiten entstehen können

Bestimmte Verhaltensmuster können bereits ererbt worden sein, wie eine außergewöhnliche Neigung zu ängstlichen Reaktionen, dominanzbezogenes Verhalten, Verteidigungsverhalten sowie Territorialaggression.

Mangelnde Sozialisation/Prägung

Von der 3. bis zur 12. Lebenswoche wird das Katzenjunge für sein gesamtes späteres Leben geprägt. In dieser Zeit lernt es von der Katzenmutter und den Wurfgeschwistern die gesamte Palette kätzischen Verhaltens. Darum sollte es diesen Familienverband nicht vor der 12. Lebenswoche verlassen. Da Jungkatzen in dieser Phase auch auf den Menschen geprägt werden, sollten sie nicht in einem abgelegenen Raum bei geschlossener Tür gehalten werden, sondern möglichst frei im Haus herumlaufen dürfen sowie regelmäßig berührt werden.

Zu begrenzte frühe Erfahrungen, der Mangel an verschiedenen Umweltreizen oder dem Kontakt mit Artgenossen, anderen Tieren oder Menschen können dazu führen, dass die Katze von Natur aus ängstlich wird. Sie neigt dann dazu, sich bei jedem neuen Kontakt, Veränderungen oder Herausforderungen überfordert zu fühlen und verhaltensauffällig zu reagieren.

Angst auslösende oder negative Erfahrungen

Ein ungewöhnliches, Angst auslösendes Ereignis kann bei einer Katze ein verändertes Verhalten bewirken. Diese Veränderung kann vorübergehend sein, aber auch anhalten, obwohl das Ereignis längst vorbei ist.
Auch negative Erfahrungen sowohl mit Artgenossen, anderen Tieren als auch mit Menschen können dazu führen, dass die Katze dies speichert und grundsätzlich bei solchen Sozialkontakten auffällig reagiert.
Der häufigste Grund für die Angst vor bestimmten Familienmitgliedern ist eine Bestrafung oder ein unsachgemäßer Umgang, wie unerwünschtes Anfassen, Bedrängen, Festhalten. Das Problem kann sich langsam, aufgrund wiederholter Bestrafung, oder auch ganz plötzlich entwickeln.
Katzen können auch durch ein traumatisches Erlebnis, wie einen Unfall, oder durch wiederholte Angst auslösende Situationen ängstlich werden. Generell trägt auch gegenseitiges Drohen oder Kämpfen unter Katzen zu einer Verstärkung der Angst bei und kann dadurch auch zu angstbedingter Aggression führen. Bei der nächsten Begegnung der Kontrahenten kann es dann sogar zu Angstreaktionen oder Aggression einer der Katzen kommen, auch wenn die andere keinerlei Drohgebärde zeigt.

Unzureichende Haltungsbedingungen

In der Natur der Katze liegt es eigentlich, einen Großteil des Tages draußen umherzustreifen und auf Mäusefang zu gehen, Artgenossen zu treffen und eventuell auch Revierkämpfe auszutragen. Eine Katze, die nur in der Wohnung gehalten wird, braucht daher einen Ausgleich für diese Aktivitäten. Am besten ist es, wenn sie einen Artgenossen zur Gesellschaft bekommt. Das gilt vor allem für Katzen, die aufgrund der häufigen oder langen Abwesenheit ihres Halters viel alleine sind. Zudem muss die Wohnung katzengerecht

eingerichtet sein, und tägliche, ausgiebige Spielzeiten mit dem Halter, in denen vor allem interaktiv gespielt wird, damit die Katze ihren Jagdtrieb ausagieren kann, sind unerlässlich.
Ein weiterer wichtiger Aspekt ist, dass nicht zu viele Katzen und nicht auf zu engem Raum gehalten werden dürfen. Jede Katze muss die Möglichkeit haben, sich alleine in einen Raum zurückzuziehen, denn Katzen haben Zeiten, in denen sie ganz in Ruhe für sich sein möchten.

Veränderungen im Umfeld

Katzen sind Gewohnheitstiere. Eine Gewohnheit, die sie einmal lieb gewonnen haben, behalten sie meist ihr Leben lang bei. Vertraute Umgangsformen, routinemäßige Abläufe sowie die gewohnte Umgebung sind einer Katze außerordentlich wichtig. Bei Änderungen in ihrer Umgebung oder ihrem Leben kann sie äußerst irritiert reagieren. Laute Bauarbeiten können sie in Panik versetzen. Ein neues Haustier, das in ihr Territorium eintritt, wirft sie aus der Bahn. Eine völlig neue Umgebung durch einen Umzug ängstigt sie. Ein neuer Mensch, der in die bisherige Lebensgemeinschaft eindringt, verwirrt sie. Jedes neue, ungewohnte Element im Leben einer Katze kann sie durcheinanderbringen und veranlassen, Verhaltensauffälligkeiten zu entwickeln.

Unbeabsichtigte Förderung durch den Halter

Katzenhalter versuchen beispielsweise bei Angstproblemen, die Katze gegen ihren Willen festzuhalten oder zu streicheln, um ihr zu zeigen, dass sie doch nichts zu befürchten hat. Solche gut gemeinten Aktionen verschlimmern das Problem jedoch nur noch mehr.
Schimpfen oder Hinterherlaufen stellt für eine Katze Aufmerksamkeit dar und kann einen belohnenden Effekt haben, sodass sie das unerwünschte Verhalten erst recht beibehält. Auch keine oder eine mangelhafte Erziehung kann unerwünschtes Verhalten begünstigen, vor allem wenn der Halter nicht konsequent ist.
In all diesen Fällen fördert der Halter unbeabsichtigt das Verhalten seiner Katze.

Bestimmte Reize

Hierzu gehören erregende, auslösende, verstärkende sowie hemmende Reize.

Erregende Reize veranlassen die Katze, sehr aufmerksam zu werden oder zu erschrecken und vielleicht in einer unangemessenen Weise zu reagieren. Dazu gehören fremde Gerüche, ein unruhig umherwandernder Halter oder laute Geräusche von der Straße. Die vielleicht eben noch ruhende oder schlafende Katze steht auf, wirkt aufmerksam, möglicherweise auch angespannt und alarmiert, überprüft ihr Revier und beobachtet genau das Verhalten ihres Menschen. Solche Reize werden nicht unmittelbar für die Auslösung oder Verschlimmerung von Verhaltensauffälligkeiten verantwortlich gemacht. Die Wahrscheinlichkeit sowie die Intensität einer Reaktion auf diese Reize hängt eher vom allgemeinen Erregungszustand der Katze ab.

Auslösende Reize können ein problematisches Verhalten bei der Katze auslösen. Beim Klingeln rennt eine territorial-aggressive Katze augenblicklich zur Türe, und bei Gewitter versteckt sich eine ängstliche Katze sofort.

Bei verstärkenden Reizen handelt es sich um Ereignisse im Umfeld, die ein problematisches Verhalten zwar nicht direkt auslösen, aber zu seiner Verstärkung oder Verlängerung beitragen. Hemmende Reize können durch eine negative oder eine Lernerfahrung entstehen.

Erkrankungen oder Schmerzen

Viele Erkrankungen gehen mit Symptomen einher, die Verhaltensänderungen bewirken, wie Appetitlosigkeit oder Lethargie. Der Zusammenhang mit einer körperlichen Ursache ist oft leicht herzustellen, wie bei Unsauberkeit aufgrund von Blasenproblemen. Ebenso können gesundheitliche Probleme dazu führen, dass eine Katze mit Verhaltensauffälligkeiten darauf reagiert. Beispielsweise kann sie schmerzhafte Erfahrungen beim Kot- oder Harnabsatz mit der Katzentoilette assoziieren und daraufhin beginnen, diese zu meiden.

Jede Katze ist einzigartig und reagiert völlig anders auf den gleichen Auslöser wie eine Artgenossin im gleichen Haushalt. Das hat einfach mit der individuellen Persönlichkeit, dem üblichen Reaktionsschema, dem Grundcharakter und nicht zuletzt mit den gemachten Erfahrungen zu tun. Auch hier kann man wieder Parallelen zu uns Menschen ziehen. Ein Tier, das nicht weiß, dass es wehtut, geschlagen zu werden, hat keine Angst vor einer sich nähernden Hand. Ein Tier, das sich nicht durch ein plötzliches, ungewöhnliches lautes Geräusch, wie bei einem Gewitter, fürchterlich erschreckt hat, geht lockerer damit um.

Unsauberkeit

Der Verlust der Stubenreinheit ist die häufigste Verhaltensauffälligkeit bei Katzen. Als Stubenreinheit wird das Verhalten einer Katze bezeichnet, bei dem sie im Freien oder in der Wohnung auf ihrer Katzentoilette Urin sowie Kot absetzt und verscharrt. Eine fehlende oder mangelnde Stubenreinheit kann auch auf Instinktverluste zurückgehen, wenn eine Katze dies nicht spätestens bis zum Alter von drei Monaten gelernt hat. Wird eine Katze plötzlich unsauber und benutzt nicht oder nicht mehr konsequent ihre Katzentoilette für das Ausscheiden von Urin und/oder Kot, gilt es, die Ursache für dieses veränderte Verhalten herauszufinden.

Zum Sozial-, Sexual- und Territorialverhalten einer Katze gehört es, Urin und Kot zur Markierung beziehungsweise zum Hinterlassen einer Duftbotschaft abzugeben. In der Regel benutzen jedoch Katzen innerhalb der Wohnung selten ihren Kot als geruchliche oder optische Markierung, so wie Freilaufkatzen das draußen tun. Normalerweise markieren Katzen auch nicht im Kernbereich ihres Reviers, wie an Schlaf- oder Fressstellen, mit Urin. Wenn aber die Sicherheit in der Wohnung durch soziale Veränderungen im oder unmittelbar um den Haushalt herum bedroht scheint, kann eine bisher nicht markierende Katze plötzlich damit beginnen. In fast allen Fällen ist eine tiefe Verunsicherung der Katze der Auslöser für das Markieren.

Für eine Katze gehört das Markieren mit Urin zu ihrer Duftsprache, stellt also eine Form der Kommunikation dar. Dadurch werden die Identität, der Zeitpunkt des Aufenthaltes sowie eine eventuelle Paarungsbereitschaft, aber auch vieles andere mitgeteilt. Eine Katze kann auf diese Weise selbst Botschaften hinterlassen oder mit ihrem eigenen vertrauten Geruch einfach fremde, sie irritierende oder verunsichernde Gerüche übertünchen. Das gibt ihr dann ein Gefühl von größerer Sicherheit.

Natürlich können wir Menschen ein solches Verhalten in unserem Heim nicht einfach hinnehmen. Für uns ist dies wegen des

Geruchs und der Verunreinigung äußerst unangenehm und unzumutbar. Allerdings möchte ich noch einmal ausdrücklich betonen, dass eine Katze niemals aus Wut, Protest, Rache, Provokation oder um ihren Menschen zu ärgern, Urin an aus unserer Sicht unpassenden Stellen absetzt. Sie tut es immer aus einem inneren Druck oder Unwohlsein heraus, und es sollte eher als Signal angesehen werden, dass etwas im Leben der Katze nicht in Ordnung ist. Sie braucht dann Unterstützung, um dieses Bedürfnis gar nicht mehr zu haben.

Ausdruck des Verhaltens

Zuerst ist herauszufinden, ob es sich um Urinieren in einer Hockstellung handelt oder aber um Markieren im Stehen, bei dem der Urin nach hinten, meistens an ein senkrechtes Objekt, gespritzt wird. Die Katze bewegt sich dabei rückwärts auf einen Gegenstand oder eine Stelle zu. Ihre Hinterbeine sind dabei gestreckt, während der Schwanz mit zuckender Spitze steil in die Höhe ragt. Der Urinstrahl wird dann nach hinten, in einer geraden Linie, zielgenau auf das Objekt gerichtet. Es kann allerdings auch vorkommen, dass weibliche oder kastrierte Katzen in der normalen Hockstellung markieren.

Meistens markiert eine Katze wiederholt am gleichen Ort oder an einigen wenigen Stellen beziehungsweise Objekten mit Urin. Bei örtlich ständig wechselndem, häufigem Urinieren muss auf jeden Fall geklärt werden, ob eine organische Störung vorliegt. Im Mehrkatzenhaushalt muss natürlich herausgefunden werden, welche der Katzen außerhalb der Katzentoilette uriniert, um zu erkennen, wo anzusetzen ist.

Vor allem, wenn Katzen mehrere Tage hintereinander Urin oder Kot auf den Boden an nicht voraussagbaren sowie unterschiedlichen Orten absetzen und ganz besonders, wenn sie die Katzentoilette nicht mehr oder deutlich seltener benutzen, handelt es sich höchstwahrscheinlich um Unsauberkeit und nicht um Markieren. Außerdem wird beim normalen Ausscheidungsverhalten die Blase meist vollständig entleert, während es beim Urinspritzen nur eine

dosierte Portion ist, wobei der Strahl bis über einen Meter weit reichen kann. Am Boden ist dann eine strichförmige Urinspur anstatt einer kompakten Lache zu sehen.
Urinmarkieren an senkrechten Flächen kann sowohl bei Katern, Katzen sowie kastrierten Tieren vorkommen. Kater, die mit anderen Katzen ohne Freigang in einem Haushalt leben, untersuchen die betreffenden Stellen häufig längere Zeit, bevor sie dort markieren. Sie schnuppern nach Rest-Östrogen rolliger oder rollig werdender Katzen. Hierbei handelt es sich dann um ein mit dem Sexualverhalten gekoppeltes Markieren. Beim Markieren als Reaktion auf Umweltereignisse setzen Katzen ihre Duftmarken an senkrechten Flächen, bevorzugt im Bereich von Türen und Fenstern ab.
Wird in der Wohnung mit Kot markiert, sind gezielt abgesetzte, kleinere Kotbröckchen an bestimmten, markanten Stellen, wie etwa vor Türen, Fenstern oder Sitzmöbeln, zu finden. Die Katze behält dann trotzdem zwischendurch die Benutzung der Katzentoilette bei. Besonders wenn fremde Personen oder Tiere neu in die Familiengemeinschaft kommen, können manche Katzen auf diese Weise reagieren. Große Angst steigert die Neigung zu häufigem und dann oft wahllosem Kotabsatz. Es soll aber sogar Katzen geben, die zu diesem Mittel greifen, um darauf aufmerksam zu machen, dass sie Würmer haben. Andernfalls wäre es dem Halter vielleicht nie aufgefallen, dass sein Tier in dieser Hinsicht Hilfe braucht.

Ansprüche an die Katzentoilette und Toilettentraining

Die genauen Anforderungen an eine Katzentoilette, die richtige Streu, gute und weniger gute Stellen, wo sie platziert werden sollte, was es dabei zu berücksichtigen gibt, alles über die Größe, die Beschaffenheit, die Reinigungsweise und den -rhythmus, die Anzahl sowie die Ermöglichung der richtigen Benutzung finden Sie ausführlich in meinem Buch *Coaching für Katzenhalter* beschrieben. Dort sind auch die Goldenen Regeln aufgeführt, die es zu berücksichtigen gilt, damit eine Katze nach Möglichkeit nicht unsauber wird. Es sollten also als erstes immer die Toilettenverhältnisse überprüft werden.

Auch das Toilettenbenutzungstraining wird in meinem Buch *Coaching für Katzenhalter* genau beschrieben. Eine mangelnde Gewöhnung der Katze, eine Katzentoilette zu benutzen, kann nämlich eine weitere Ursache für einen unerwünschten Urin- oder Kotabsatz im Haus oder in der Wohnung sein. Normalerweise lernen Kitten es von ihrer Mutter und übernehmen dieses Verhalten automatisch. Es kommt aber eben darauf an, wie die Katze aufgewachsen ist und unter welchen Lebensumständen sie gelebt hat, bevor sie zu Ihnen kam. Eine Bauernhofkatze hatte mit Sicherheit keine Toilette, sondern hat sich einfach draußen im Freien erleichtert.
Ich hatte auch schon Fälle, in denen davon auszugehen war, dass die vorherigen Halter die Katze darauf konditioniert hatten, ihre Ausscheidungen in der Badewanne oder auf einer Zeitung vorzunehmen. Es erschien ihnen wohl unkomplizierter, die Verunreinigungen dort zu entfernen, anstatt regelmäßig eine Katzentoilette zu säubern, die zudem Geld kostet und deren Streu ebenso Kosten verursacht. Ich kann ein solches Vorgehen natürlich weder verstehen noch gutheißen. Vor allem ist es dann unter Umständen nicht ganz einfach, die Katze wieder umzuerziehen.

Ursachenforschung

Setzt die Katze ihren Urin und/oder Kot entweder direkt vor beziehungsweise in der Nähe der Katzentoilette, immer am gleichen Ort oder auch an wechselnden Stellen in der Wohnung ab, will sie darauf aufmerksam machen, dass sie mit gewissen Lebensumständen oder eben mit der Katzentoilette Probleme hat. Die Ursache für ihre Unsauberkeit kann dann Stress sein.
Mögliche Stressoren sind neue Sozialpartner, wie ein zusätzlicher Artgenosse, ein Mensch, ein Baby oder ein anderes Haustier. Es kann sich auch um das Gegenteil handeln, bei dem ein Sozialpartner durch Auszug oder Tod plötzlich aus dem Leben der Katze verschwindet. Streit, Disharmonie, eine generell negative Atmosphäre, lautes Türenknallen oder Schreien verunsichern eine Katze ebenso. Auch Lärm, Hektik, Unruhe, viele Besucher sind ihr äußerst unangenehm und stellen eine Belastung für sie dar.

Neue Tabuzonen oder früher frei zugängliche Orte, die ihr plötzlich verwehrt werden, wirken äußerst irritierend für die Katze. Sie kann jetzt ihr Revier nicht mehr vollständig kontrollieren, was eine Bedrohung für sie darstellen kann. Auch ein Umzug, neue oder umgestellte Möbel sowie fremde Gegenstände bedeuten eine erhebliche Revierveränderung, die verunsichern kann. Um die fremden Gerüche mit ihrem eigenen zu übertünchen oder das an einem ungewohnten Ort stehende Möbelstück zur Beruhigung mit ihrem eigenen Geruch zu versehen, markiert die Katze den Gegenstand. Zu solchen Objekten kann praktisch alles zählen, was neu, ungewohnt, fremd oder irritierend auf die Katze wirkt.

Störungen durch Handwerker, egal ob im oder am Haus, sind ebenfalls eine erhebliche Belastung. Nicht nur, dass sie oftmals extremen Lärm verursachen, es sind fremde Eindringlinge im Revier der Katze, die sich zudem sehr ungewöhnlich verhalten, im Gegensatz zu normalen Besuchern. Wenn die Arbeiten auch noch über einen längeren Zeitraum anhalten, kann es bei sensiblen Katzen zu einem regelrechten Trauma kommen. Sie fühlen sich dann in ihrem Zuhause nicht mehr sicher. Das Markierverhalten kann auch anhalten, wenn die Handwerker längst wieder verschwunden sind, denn schließlich könnten sie aus Katzensicht jederzeit wiederkommen.

Zu häufiges und zu langes Alleinsein belastet in der Regel jede Katze, vor allem, wenn sie nur im Haus gehalten wird. Das gilt auch für plötzlichen Zeitmangel oder Vernachlässigung seitens des Halters. Natürlich kommt es wie immer auf das Naturell der Katze an, wie sie damit umgeht, aber auch auf die Abwechslung, die sie ansonsten hat.

Eine plötzlich einsetzende Trennungsangst oder Unsicherheit bei Veränderungen im Ablauf der bisherigen Lebensumstände oder der Alltagsroutine, wie plötzliche Verbote, ein ungewohntes Verhalten des Halters, dass gewohnte Rituale nicht mehr oder in ganz anderer Form stattfinden, kann bewirken, dass manche Katzen mit Unsauberkeit reagieren. Dazu gehört auch, wenn der regelmäßige Freigang einer Katze plötzlich unterbunden wird. Dies bedeutet für sie erheblichen Stress, der über das Markieren abgebaut wird.

Auch bei plötzlich einsetzenden Aggressionen in einem Mehrkatzenhaushalt aufgrund einer Rangverschiebung oder einer neu hinzugekommenen Katze kann Unsauberkeit auftreten. Die unterlegene Katze kann sich dann beispielsweise in ein Versteck flüchten und es nicht mehr oder nicht häufig genug wagen, diesen Schlupfwinkel zu verlassen, um die Katzentoilette zu benutzen. Das kann auch der Fall sein, wenn die Katze zwar in die Toilette kotet, aber in die Wohnung uriniert. Kot kann im Darm ziemlich lange zurückgehalten werden, während eine überfüllte Blase unangenehm und sogar schmerzhaft ist und sich dann unwillkürlich entleeren kann. Möglich ist auch, dass einer Katze von einer anderen unmittelbar nach der Toilettenbenutzung aufgelauert wird und dann ein Angriff erfolgt, oder sie wird bereits im Vorfeld an der Toilettenbenutzung gehindert.

Auch die Bedrohung oder Verfolgung durch fremde Katzen oder andere Tiere innerhalb oder außerhalb der Wohnung kann eine Rolle spielen. Es kann schon reichen, wenn diese Widersacher nur durch das Fenster zu sehen sind. Ein Überfall im eigenen Haus, wenn fremde Katzen durch die Katzenklappe eindringen und das Futter der dort lebenden Katze fressen, diese bedrohen oder einfach nur ihren fremden Geruch hinterlassen, ist eine erhebliche Belastung. Dies gilt auch, wenn andere Katzen vor den Türen und Fenstern schreien und fauchen. Dies geschieht vor allem häufig während der Paarungszeit. Die Folge ist wiederum eine Verunsicherung der Katze und die Notwendigkeit aus ihrer Sicht, eine Geruchsschwelle zu setzen.

Manche Halter sind fast erstaunt, wenn ich nach fremden Katzen draußen frage, weil sie meinen, das dies doch gar keinen Einfluss hätte. Ein großer Irrtum. Oftmals markieren Katzen in der Wohnung, um Geruchsschwellen zu setzen, damit Fremde oder sogar Feinde von draußen es ja nicht wagen, ihr ureigenes Revier zu betreten. In das Heim zweiter Ordnung, den Garten, sind sie ja bereits eingedrungen. Jetzt gilt äußerste Vorsicht. Dass die fremden Katzen vielleicht gar keine Möglichkeit haben, ins Haus zu kommen oder die Katzenklappe zu benutzen, wissen die Katzen ja nicht. Das ist rein menschliche Logik, zu der sie leider nicht fähig sind.

Darum werden oftmals auch Haustüren markiert oder besonders wichtige Plätze, die für die Katze eine entscheidende Bedeutung haben.
Urlaub, egal, ob die Katze mit auf eine Reise genommen wird oder aber in einer Tierpension untergebracht wird, ist sehr häufig belastend für das Tier. Es versucht dann, mit seinem eigenen vertrauten Geruch seine große Unsicherheit zu überbrücken.
Das Eintreten der Geschlechtsreife unkastrierter Kater und Katzen führt in der Regel automatisch zum Markieren mit Urin. Dies ist dann ein völlig normales Verhalten und kann nur durch eine Kastration unterbunden werden.

Körperliche Ursachen

Außerdem ist es wichtig, dass durch den Tierarzt untersucht wird, ob körperliche Ursachen, wie eine Erkrankung der Harnwege, vorliegen. Harnträufeln bei einer Schließmuskellähmung oder Blasenentzündung, eine Verstopfung der Harnröhre mit Harngries sowie Diabetes oder Nierenprobleme können nämlich ebenfalls eine Ursache für die Unsauberkeit sein. Katzen, die an einer Entzündung leiden, können aufgrund von Schmerzen zum Urinieren auch eine stehende Körperhaltung einnehmen.
Es ist auffällig, dass Katzen, die eine Veränderung in ihrem gewohnten Lebensrhythmus erleben, beispielsweise durch einen Umzug oder eine längere Abwesenheit ihres Halters, sowie Wohnungskatzen, die mit mehreren anderen zusammenleben, eine erhöhte Anfälligkeit für eine Blasenentzündung haben. Stress scheint also ein wichtiger Faktor bei deren Entstehung zu sein.
Im Alter können die Ausscheidungen mitunter nicht mehr gehalten werden, bei Durchfall schafft es die Katze vielleicht einfach nicht rechtzeitig zur Toilette, und bei einer Verstopfung verliert sie vielleicht nur kleine Stückchen Kot, die sich erst später auf dem Teppich gelöst haben und unwillkürlich abgefallen sind. Auftretende Symptome für körperliche Ursachen sind der häufige Drang zum Urinieren, die Bevorzugung von kühlen glatten Oberflächen (wie Waschbecken oder Badewanne), viele kleine Pfützen oder Blut

im Urin, das häufige Aufsuchen der Katzentoilette, ohne dass eine Ausscheidung vorgenommen wird, ein harter, vergrößerter Unterbauch, Müdigkeit, Jammern oder vermehrter Durst.
Es kann sich auch eine Aversion gegen die Katzentoilette entwickeln, beispielsweise als Folgeerscheinung nach Verdauungsproblemen oder einer Blasenentzündung. Wenn eine Katze beim Koten oder Urinieren Schmerzen hatte, ist es durchaus möglich, dass sie die Schmerzen mit dem Ort in Verbindung bringt, an dem sie aufgetreten sind. Dieser Schmerz führt dann durch objektbezogenes Lernen zu einem entsprechenden Meideverhalten. Eine Abneigung gegen die Katzentoilette kann aber auch durch ein beängstigendes oder unangenehmes Erlebnis dort entstehen. Es dürfen der Katze auf der Katzentoilette deshalb niemals beispielsweise Medikamente eingeflößt werden, und sie darf auch nicht mit Gewalt in der Toilette festgehalten werden.

Gegenmaßnahmen

Vor Beginn einer Therapie sollte unbedingt versucht werden, die Ursache des Urinmarkierens beziehungsweise der Unsauberkeit zu ergründen und diese anschließend abzustellen. Sämtliche empfohlenen Therapiestrategien sind über einen längeren Zeitraum konsequent durchzuführen, da sich ansonsten am Verhalten der Katze nichts ändern wird. Es braucht auf jeden Fall Zeit, denn die Entstehung des Problems erfolgte schließlich auch nicht von heute auf morgen.
Es empfiehlt sich häufig, einen Kater oder eine Katze kastrieren zu lassen, da das Markieren dann in etwa neunzig Prozent der Fälle unterbleibt, falls es hormonelle Ursachen hatte.
Bei einer neu hinzukommenden Katze sollte sich der Halter vermehrt um die schon vorher in der Wohnung lebende/n Katze/n kümmern und darf sie keinesfalls vernachlässigen. Er sollte der/den anderen Katze/n Zeit lassen, um sich an das neue Tier zu gewöhnen und dabei keinerlei Zwang und keine Strafen anwenden. Auch neue menschliche Partner sollten sich vermehrt um die Katze kümmern, sie füttern, mit ihr sprechen, spielen und sie strei-

cheln. Der Katze darf dabei jedoch niemals Zwang angetan werden, wie beispielsweise sie einfach auf den Arm oder Schoß zu nehmen sowie Fellpflege zu betreiben, wenn sie dies nicht mag.

Bei neuen Tabuzonen ist zu überprüfen, ob diese wirklich notwendig sind. Wenn es tatsächlich nicht anders geht, sollten der Katze als Ausgleich mehr Abwechslung sowie verstärkte Aufmerksamkeit zuteil werden.

Auch Freigänger brauchen unbedingt eine Katzentoilette im Haus. Man kann nicht erwarten, dass Katzen ausschließlich draußen ausscheiden und drinnen einhalten. Ebenso wenig kann erwartet werden, dass Katzen bei Wind und Wetter extra den langen Weg nach draußen wählen, um sich dort zu entleeren. Manche Katzen haben sogar Angst, draußen Ausscheidungen vorzunehmen, da sie in diesem Moment sehr verletzlich und gute Opfer für angreifende andere Katzen sind. Manche Rabauken tyrannisieren nämlich die ganze Nachbarschaft, sodass eine unsichere Katze oder eine, die bereits negative Erfahrungen gemacht hat, es nicht mehr darauf ankommen lässt.

Bei Unsauberkeit ihrer Katze verschließen manche Halter oftmals alle möglichen Räume und gewähren den Katzen aus Angst dort keinen Zutritt mehr. Dies verschlimmert die Problematik jedoch nur, weil die Verunsicherung und der Stress durch die Verkleinerung des Reviers sowie die nicht mehr möglichen Kontrollgänge gesteigert werden.

Gewohnheiten, gewisse Abläufe und die Routine sollten möglichst wiederhergestellt werden. Ist dies nicht möglich, sollten sie in einer akzeptablen Form, die keine zu große Umstellung für die Katze bedeutet, geändert oder aber durch andere adäquate Aktivitäten ergänzt werden. Bei andauernder mangelnder Zeit und Beschäftigung mit der Katze sollte eine zweite Katze als Sozialpartner angeschafft werden.

Wichtig ist es, die Sicherheit im Kernbereich der Katze zu erhöhen und den gesamten Umgang mit ihr, wie Füttern, Streicheln, Fellpflege etc., liebevoll zu gestalten. Grundsätzlich gilt, die sozialen Beziehungen für die markierende Katze zu verbessern und auf diesem erhöhten Niveau aufrechtzuerhalten.

Auswirkungen

Beim Urinmarkieren können die Analdrüsen zusätzlich eine ölige zähflüssige Substanz absondern, was die Aussagekraft dieser Botschaft verstärkt. Generell scheint das Markieren mit Urin das Selbstbewusstsein einer Katze zu steigern. Katzen, denen es an Selbstvertrauen fehlt, geraten vor allem durch geruchliche Veränderungen in Aufregung. Wenn sie neue und fremde, intensive Gerüche wahrnehmen, fühlen sie sich verunsichert oder sogar bedroht. Sie überdecken dann den Fremdgeruch mit ihrem eigenen, damit alles wieder bekannt und vertraut riecht und eventuelle Feinde durch ihren Geruch in die Flucht geschlagen werden.

Schuhe sowie Sport- und Reisetaschen riechen beispielsweise besonders intensiv nach der fremden und beängstigenden Außenwelt. Auch frisch gewaschene und nach Weichspüler duftende Wäsche kann einer Katze suspekt sein. Da sich der eigene Geruch nach einiger Zeit verflüchtigt, muss er zur Sicherheit immer wieder erneuert werden. Irgendwann automatisiert sich dieses Verhalten dann sogar.

Gerade einer Wohnungskatze sollten daher regelmäßige Abwechslung und geruchliche Erforschungsmöglichkeiten angeboten werden, damit sie eine interessierte und flexible Katze wird. Auf diese Weise kann sie lernen, mit Veränderungen in ihrem Wohnumfeld leichter und lockerer umzugehen. Ängstliche und unsichere Katzen, die nur in einer eintönigen begrenzten Welt leben, können schon bei Kleinigkeiten in Panik geraten und existenzielle Krisen erleben.

In vielen Fällen ist der Platzierungsort der Ausscheidungen keineswegs zufällig. Vor einer Türe oder einem Fenster vielleicht deshalb, weil die Katze dort hinaus will und nicht kann, weil dort neuerdings geschlossen ist oder weil sie diese Stelle besonders vor fremden Katzen schützen will. Im Erdgeschoss fühlt sich eine Katze durch andere Katzen oder Tiere, die durch ein Fenster oder die Terrassentür gesehen werden können, bedroht und zieht zum eigenen Schutz mit dem Markieren eine Geruchsschwelle. Diese gibt der Katze wieder Sicherheit und kommt daher vor allen Dingen bei unsicheren und ängstlichen Tieren vor. Auch wenn ein Halter außerhalb der Wohnung bzw. des Hauses andere Katzen füttert, kann sich die eigene Katze durch die fremden Gerüche verunsichert und bedroht fühlen. Auch in diesem Fall entscheidet sie sich unter Umständen wiederum für eine ihr Sicherheit gebende Geruchsschwelle.

Der genaue Zusammenhang für die Wahl eines Ortes ist jedoch nicht immer erkennbar und erklärbar. Das menschliche Bett ist als Ausscheidungsort ebenfalls relativ häufig zu finden. Das kann vorkommen, wenn die Katze bei einem neuen Halter nicht mehr im Bett schlafen darf, wenn dies plötzlich wegen eines neuen Partners nicht mehr erlaubt wird oder aber bei einer sehr langen Abwesenheit des Halters. In dem Fall will die Katze ihren eigenen Geruch mithilfe ihrer Ausscheidungen mit dem Geruch ihres Menschen in Verbindung bringen. Sie versucht auf diese Weise, Trennungsangst und Verlassenheitsgefühle zu kompensieren.

Oft tritt das Urinmarkieren noch mit anderen Verhaltensauffälligkeiten kombiniert auf. Das ist vor allem in zu großen Katzengruppen in kleinen Wohnungen zu beobachten. Meistens wird dann die rangniedrigste oder unsicherste Katze der Gruppe auffällig, auch bei Veränderungen der Lebensumstände oder einer neuen Katze bzw. einem neuen Haustier.

Es muss herausgefunden werden, wie häufig und wohin eine Katze markiert und bei einer Mehrkatzenhaltung, welche Katze genau markiert. Der Tiertherapeut muss außerdem wissen, wann genau dieses Verhalten angefangen hat und wie die näheren Umstände im Leben der Katze zu jenem Zeitpunkt waren.

Eine selbstbewusste, zufriedene und entspannte Katze hat es gar nicht nötig, mit extremen Maßnahmen wie Urinmarken Angst und Stress zu bekämpfen. Eine Katze, die jedoch unsauber wird, hat immer einen Grund. Der Urin auf dem Teppich ist meist nur die Spitze des Eisbergs. Aufmerksames Beobachten sowie eine genaue Analyse der Situation sind also unbedingt erforderlich.

Nähere Erläuterungen

Oftmals wird eine Katze erst dann unsauber, wenn ein zusätzlicher Stressfaktor hinzukommt. In manchen Fällen kann der ursprüngliche Grund einer Katze, die Katzentoilette nicht zu benutzen, später durch einen anderen abgelöst werden oder es gibt von Anfang an mehrere Ursachen. Genauso kommt es vor, dass die unerwünschte Verhaltensweise auch dann noch beibehalten wird, obwohl die ursprünglich auslösenden Umstände schon seit längerer Zeit nicht mehr existieren.

Katzen können mit auffälligen Verhaltensweisen also nicht nur auf sich regelmäßig wiederholende oder auf über längere Zeit hinweg einwirkende, also aktuelle Konflikte und Frustrationen reagieren, sondern auch auf längst zurückliegende. Genauso kann eine nicht der Situation angepasste Handlungsweise in manchen Fällen aber auch nur einmalig auftreten. Sie ist dann die Reaktion auf plötzliche, ungewohnte, unerwartete und einmalige Ereignisse. Ein einziges Schockerlebnis genügt ohne Weiteres, um einen lang andauernden Verlust der Stubenreinheit nach sich zu ziehen.

Die Fälle, in denen Katzen ihre bis dahin zuverlässige Stubenreinheit aufgrund seelischer Störung verlieren, sind zahlreich und können sehr unterschiedlich sein. Verhaltensauffälligkeiten dieser Art werden dann besonders häufig beobachtet, wenn eine Katze aus irgendwelchen Gründen in einen seelischen Zwiespalt geraten ist oder längere Zeit in einem Konfliktzustand leben muss. Diese können dann als Reaktion auf Vorgänge in der Umwelt aufgefasst werden. Gewisse Umstände verhindern beispielsweise die Befriedigung eines Triebs, ein Bedürfnis kann nicht gestillt werden, ein Anspruch nicht erfüllt oder eine gewohnte Tätigkeit nicht ausgeführt werden. Das alles stört das seelische Gleichgewicht einer Katze, und es kommt praktisch zu einer Entlastungsreaktion.

Grundsätzlich gibt es Katzen, die auf jede Störung ihres psychischen Wohlbefindens mit einem Verlust der Stubenreinheit reagieren, während andere eher eine Depression oder aber gesteigerte Aggressivität zeigen. Dabei scheint eine gewisse individuelle Veranlagung eine entscheidende Rolle zu spielen. Darum gibt es auch

kein Patentrezept, sondern die Therapie muss immer auf den individuellen Fall abgestimmt werden. Viele Probleme ließen sich im Vorfeld vermeiden, wenn der Katzenhalter unerwartete und abrupte Veränderungen vermeiden beziehungsweise sich rechtzeitig Gedanken über die möglichen Folgen machen würde. Eine langsame und einfühlsame Gewöhnung an etwas Neues beziehungsweise die entsprechende Begleitung dabei verhindert, dass überhaupt eine Stress auslösende Situation für die Katze entsteht.
Da eine Katze selten in unmittelbarer Gegenwart eines Menschen unsauber ist, sondern viel häufiger dann, wenn sie sich unbeobachtet fühlt, kann sogar in seltenen Fällen auch Langeweile eine Rolle spielen. Von einer Katze werden Frustrationen und Konflikte als besonders belastend empfunden, wenn ihr ablenkende Betätigungsmöglichkeiten fehlen. Die Wohnung sollte daher, gerade während der Zeit, in der die Katze alleine ist, genügend Abwechslung und interessante Reize bieten. Sooft es geht, sollte der Halter mit seiner Katze spielen und auf ihre Betätigungswünsche ausreichend eingehen, damit möglichst wenig unbefriedigte Restenergie für die Zeit des Alleinseins aufgestaut bleibt.

Keine Bestrafung

Es kann leider nicht oft genug erwähnt werden, dass sowohl Schläge als auch die Katze mit der Nase in ihre Ausscheidungen zu stoßen absolut unsinnig und kontraproduktiv sind. Unglücklicherweise kursieren diese mehr als fragwürdigen Methoden immer noch. Um es ganz deutlich zu sagen: Damit macht man alles nur noch schlimmer. Die ohnehin schon verunsicherte Katze wird noch unsicherer, da ihr Mensch sich für sie völlig unberechenbar und nicht nachvollziehbar verhält. Es stellt für sie nicht nur eine ebenso große Zumutung dar, als würde man so mit einem Kind umgehen, das ins Bett gemacht hat, sondern sie kann den Sinn dieser unwürdigen Aktion überhaupt nicht begreifen. Einerseits sind Katzen die saubersten Tiere, andererseits gehört das Hinterlassen von Urin zur ganz normalen Duftsprache der Katze und stellt daher für sie in keiner Weise ein Vergehen dar, das bestraft werden muss. Darum

bringt auch Schimpfen gar nichts oder höchstens eine Verstärkung des Verhaltens, weil es die Katze noch ängstlicher macht.
Durch eine Bestrafung wird nämlich die bereits bestehende hohe Erregung beziehungsweise der innere Druck nur noch weiter gesteigert. Daraus resultiert wiederum, dass die Katze erst recht versucht, diesen abzubauen, indem sie sich eine gewisse Entlastung verschafft. Es kann auch sein, dass sie es so versteht, als sei es verboten, überhaupt zu urinieren, woraufhin sie dies dann nur noch an geheimen Stellen tun wird.
Eine Strafe darf sowieso nur während einer unerwünschten Verhaltensweise erfolgen. Damit die Katze sie in Verbindung mit ihrer Handlung bringen kann, muss sie absolut zeitgleich oder definitiv unmittelbar, also sofort nach einer unerwünschten Tat erfolgen, da sonst kein erkennbarer Zusammenhang mehr für die Katze besteht. Ist das Malheur bereits geschehen, verliert die Katze den Bezug dazu und kann eine Maßregelung, die erst nach der Entdeckung kommt, überhaupt nicht zuordnen. Dies würde nur zu vermehrter Angst und Unsicherheit führen, was die Problematik natürlich noch weiter verstärken würde. Solange die Ursache für ihr Verhalten nicht gefunden und beseitigt ist, weiß die Katze sich einfach nicht anders zu helfen.
Es kann sogar passieren, dass Schimpfen für eine Katze bereits eine Form von Aufmerksamkeit darstellt, die sie dann immer wieder sucht. Gerade wenn sich mit einer Katze nicht ausreichend beschäftigt wird, ist diese unter Umständen sogar für eine negative Ansprache empfänglich.
Es ist daher viel effektiver, das unerwünschte Verhalten einfach zu ignorieren und das erwünschte Verhalten, also wenn sie die Katzentoilette benutzt, zu belohnen. Auch hierbei ist es wichtig, dass das Lob und die Belohnung unmittelbar im gleichen Moment einsetzen, damit die Katze es auch genau mit ihrer Handlung in Verbindung bringen kann.

Aggression gegen Artgenossen

Aggressionen gegen Artgenossen gehören selbst bei Katzen, die ein ausgesprochen freundliches Verhältnis zueinander haben, von Zeit zu Zeit einfach zum Leben dazu. Dabei handelt es sich lediglich um Meinungsverschiedenheiten oder eine kleine Rauferei, um sich von aufgestauten Energien zu befreien. Heikel sind dagegen Aggressionen unter Katzen, die nicht zueinander passen. Es gibt asoziales Verhalten gegenüber Artgenossen, das von beiden Geschlechtern ausgehen kann. Zwischen männlichen Tieren hören Aggressionen meistens auf, wenn sie kastriert sind, bei weiblichen Katzen ist dies dagegen seltener der Fall.

Je jünger eine Katze ist, desto häufiger treten kämpferische Verhaltensweisen untereinander auf. Das kann eher spielerisch sein, aber auch bei aggressiven Auseinandersetzungen eher zu Verletzungen führen. Je älter Katzen sind, umso besser haben sie Strategien entwickelt, diese zu vermeiden. Offensiv aggressive Angriffe von Katzen sind meistens gegen den Kopf, Bauch, aber auch den Rücken und die Analregion gerichtet und können manchmal zu Verletzungen führen. Für den Halter ist es nicht ungefährlich, sich direkt in eine Auseinandersetzung einzumischen. Darum sollte er davon Abstand nehmen.

Ein aggressives Ausdrucksverhalten dient im Prinzip eher dazu, einen Kampf und eine daraus möglicherweise resultierende Verletzung zu vermeiden. Erst wenn auch der Bedrohte glaubt, dass er bei der Auseinandersetzung eine Chance hat oder keinen anderen Ausweg mehr sieht, kommt es zum Kampf. Ein weiterer Grund für die Entstehung einer Kampfhandlung kann die Unterschreitung der Individualdistanz einer Katze sein. Sie fühlt sich dann entweder bedroht oder empfindet es als Respektlosigkeit und reagiert entsprechend.

Wird eine Katze mit einer potenziellen Gefahr konfrontiert, besteht ihre erste Reaktion immer darin, zu fliehen, falls sie kann. Wenn Flucht jedoch nicht möglich ist, verkriecht sie sich in einer Ecke, zieht ihre Pfoten unter den Körper und versucht, jeglichen Kontakt zu vermeiden. Die Kombination aus Rückzugs- und Angriffsverhalten stellt eine weitere Reaktion dar. Dann findet ein ständiger Wechsel zwischen Aggression in Form von Pfotenhieben und Fauchen sowie einem Rückzug zur Selbstverteidigung statt. Auch eine Katze, die durch irgendetwas erschreckt wurde, führt diese Form von Rückzug und Angriff in der Hoffnung aus, dass sie die eventuelle Gefahr auf diese Weise vertreiben kann.

Eine Katze handelt nur dann aggressiv, wenn sie sich oder ihre Ressourcen bedroht fühlt. Aggressives Verhalten bedeutet für sie nämlich großen Stress und bereitet ihr nicht etwa Vergnügen. Es kann bei Aggressionen auch zu regelrechten Ringkämpfen kommen, die allerdings fast nie zu ernsthaften Verletzungen führen, sondern meistens in Form eines Wettstreits verlaufen, bei dem eigentlich nur Haare fliegen und viel Lärm erzeugt wird.

Ausdruck des Verhaltens

Es gibt bestimmte Verhaltensformen, die sich bei Aggressivität einer Katze zeigen. Es wird zu Beginn eine Möglichkeit zur Kontrolle der Analregion des Gegners gesucht, ohne sich selbst von ihm an dieser Stelle beriechen lassen zu wollen. Beim Beschleichen handelt es sich eigentlich um Jagdverhalten, das jedoch auch bei der Annäherung an Feinde und Gegner eingesetzt wird. Es folgt dann der aggressive Angriff.

Als Droh- und Imponiergebärde bewegt sich die Katze mit durchgedrückten Gelenken, erhobenem Kopf und aufgestelltem Schwanz, was zu einer Vergrößerung ihrer Silhouette führt, auf den Kontrahenten zu. Ebenfalls, um größer zu wirken und dem Gegner zu imponieren, werden die Haare gesträubt. Als Steigerung kann die Katze noch einen Buckel machen. Nach einem warnenden Anheben der Vorderpfote stellen Ohrfeigen die nächste Stufe der Aggression dar. Sie werden blitzschnell mit beiden Vorderpfoten im Wechsel ausgeführt und sind gegen die Seiten des Kopfes und die Ohren des Gegners gerichtet.

Fauchen ist defensiv, um das Gegenüber abzuschrecken und in

Ruhe gelassen zu werden. Es wird als ein Mittel eingesetzt, um den Gegner auf Distanz zu halten. Wird die Individualdistanz der Katze trotz Fauchens unterschritten, folgt meistens eine Aggressionshandlung. Sie wehrt sich. Als Steigerung des Fauchens lässt sie ein Spucken hören. Die Katze fühlt sich dann extrem bedroht und eingeengt. Kreischen Katzen zu Beginn und während eines Zweikampfes, herrscht eine sehr aggressive Grundstimmung vor. Der sogenannte „Kampfgesang" tritt meist nur bei Katern auf.

Dann schnellt der Kopf hervor, der Biss wird aber noch abgefangen und nicht ausgeführt. Diese Drohung kann bei Bedarf jedoch auch sofort in Beißen übergehen. Bei der Hochabwehr, die gleichzeitig als Imponiergebärde eingesetzt wird, versucht die Katze den Gegner auf den Hinterpfoten hüpfend abzuwehren.

Die aggressive Verteidigung einer Katze, die sich in flach angelegten Ohren, weiten Pupillen, einem heruntergezogenen Schwanz, Fauchen und Knurren ausdrückt, signalisiert sowohl Verteidigungsbereitschaft als auch Stress. Diese angstaggressiven Verhaltensweisen sollen in erster Linie einen Gegner von der Annäherung abhalten. Hilft diese Taktik nicht, um die Individualdistanz aufrechtzuerhalten, wird schnellstens ein Abwehrangriff ausgeführt. Es sollte daher immer genau beobachtet werden, welche Katze angreift und welche sich verteidigt.

Viele Katzenhalter glauben nämlich häufig irrtümlich, dass die fauchende und knurrende Katze die aggressive ist. Es ist genau umgekehrt, denn ein dominantes Tier hat diese Lautäußerungen gar nicht nötig, sondern gibt meistens keinen Ton von sich. Ihm reicht schon das provokante und bedrohliche Anstarren sowie die dominierende und angriffsbereite Körperhaltung. Fauchen und Knurren gehen dagegen in erster Linie vom unterlegenen Tier aus. Fauchen bedeutet so viel wie: „Hau ab. Lass mich in Ruhe!". Knurren ist die Steigerung dazu: „Ich habe dir gesagt, du sollst mich in Ruhe lassen!" Es beinhaltet zwar die Drohung: „Wenn nicht, wehre ich mich!", aber eben nicht, dass die Katze von sich aus angreifen möchte. Sie versucht auf diese Weise eher, die andere damit auf Abstand zu halten und zu vertreiben.

Bei einer Angriffsdrohung scheinen sich alle Gesichtsmuskeln anzuspannen. Die Ohren bewegen sich hin und her, werden dann eng an den Kopf gelegt, während die Spitzen der Ohrmuscheln nach hinten sowie nach unten weisen. Je mehr der Gegner von der Rückseite der Ohren zu sehen bekommt, desto größer ist die Angriffsbereitschaft. Das Angriffsdrohen ist im Gegensatz zum Abwehrdrohen sehr offensiv. Die Schnurrhaare sind nach vorn gerichtet und breit gefächert.

Ihre friedlichen Absichten bekundet eine Katze, indem sie sich auf den Boden kauert, den Kopf senkt und Ohren, Fell- sowie Schnurrbarthaare anlegt. Die Pupillen sind dabei stark geweitet und der Schwanz peitscht nervös auf den Boden. Auf diese Weise will sie den aggressiven Rivalen beruhigen und einem Angriff vorbeugen. Durch die Kauerstellung, den eingezogenen Schwanz und die angelegten Ohren macht sich die Katze kleiner und weniger bedrohlich. Kommt der Angreifer trotzdem näher, rollt sie sich auf den Rücken, hält aber ein Bein abwehrend erhoben. Im Falle eines Angriffs kann sie so sowohl ihre Krallen als Waffen einsetzen als auch mit den Hinterbeinen kräftig treten sowie beißen.

Ursachenforschung

Recht häufig werden Aggressionen durch Ängste ausgelöst. Beide Verhaltensweisen sollen der Katze neben dem Überleben sowie körperlicher Unversehrtheit den Zugang zu wichtigen Ressourcen sichern. Dazu gehören Futter, rollige Katzen und das Territorium. Je nachdem, ob es sich um Differenzen im Bereich des Fortpflanzungsverhaltens, der Futter- und/oder der Beutebeschaffung oder aber um Territorialansprüche handelt, kommt es zu Auseinandersetzungen um diese Ressourcen. Eifersucht und Revierverteidigung sind ebenfalls häufige Motive für das Auftreten von Aggressionen in Fällen, in denen zu einer bereits vorhandenen Katze eine zweite aufgenommen wurde.

Oft sind Aggressionsprobleme auch auf unzureichende Haltungsbedingungen zurückzuführen. Die Katze hat zu wenig Beschäftigungsmöglichkeiten oder aber lebt in einer für ihr Temperament oder für mehrere Katzen zu kleinen Wohnung. Wenn zu viele Kat-

zen auf zu engem Raum zusammenleben müssen, kommt es zwangsläufig zu Stresssituationen und damit zu Streitigkeiten. Gerade in zu kleinen Lebensräumen geraten manche Katzen aufgrund angriffslustiger oder dominanter Artgenossen manchmal sogar so sehr in Panik, dass sie vor Angst schreien, unvermittelt Urin und Kot absondern oder mit einer Angstaggression reagieren.
Katzen, die in dauerndem Stress leben, sind auch viel anfälliger für Krankheiten. Zudem müssen wie immer auch gesundheitliche Ursachen ausgeschlossen werden können. Gesundheitliche Störungen wie Parasitenbefall, Bandwürmer, Abszesse, ein Gehirntumor oder Schilddrüsenfunktionsstörungen können nämlich ebenfalls die Ursache für eine Aggression sein.

Aggression gegen Artgenossen

Innerartliche Aggressionen haben die unterschiedlichsten Ursachen, können angst- oder stressbegründet sein oder durch umgeleitete sowie mütterliche Aggressionen entstehen. Diese Art der aggressiven Reaktionen der Katze dienen dann nicht der Verteidigung gegen eine Bedrohung von außen, stellen aber trotzdem ein normales Verhalten dar. Gewisse aggressive Elemente gehören ebenso zu jedem Spiel von Katzen untereinander. Dazu gehört, sich anzufauchen, direkt anzugreifen oder Scheinangriffe auszuführen. Jede Katze muss im Training bleiben, um im Notfall gerüstet zu sein. Werden Individualdistanzen unterschritten, teilt die eine Katze dies der anderen gegebenenfalls auch auf diese Weise mit.
Die Rangordnung ist bei Katzen kein permanentes Merkmal. Darum kann es immer wieder vorkommen, dass sie ausgefochten werden muss. Prinzipiell sollte der Halter in die normalen Auseinandersetzungen seiner Katzen nicht eingreifen. Dies würde die Lösung des Problems einfach nur auf einen späteren Zeitpunkt verschieben. Außerdem könnte die Rangordnung dann erst recht in ein Ungleichgewicht geraten, was die Katzen noch stärker verunsichern und ihnen das Zusammenleben erschweren würde. Es ist besser, die Katzen ihre Konflikte gelegentlich austragen zu lassen,

die Auseinandersetzungen aus der Ferne zu beobachten und der unterlegenen Katze einen Fluchtweg freizuhalten.
Früher oder später werden die Katzen, wenn sie ursprünglich gegenüber Artgenossen sozialisiert wurden, die Situation von alleine meistern. Nur wenn die Reaktionen allzu heftig ausfallen und es zu ernsthaften Verletzungen kommt, muss der Halter eingreifen, beispielsweise mit einem lauten Geräusch, sodass die Katzen durch diesen Schreck voneinander ablassen. Das gilt auch, falls immer wieder die gleiche Katze angegriffen wird. Dann sollte der Mensch schon deutlich zum Ausdruck bringen, dass dies ein unerwünschtes Verhalten ist, das er nicht akzeptiert. Ansonsten würde diese Katze zum Prügelknaben, was irgendwann entsprechende Verhaltensprobleme mit sich bringt.
Ein aus Furcht entstandenes aggressives Verhalten bei Katzen untereinander beginnt manchmal ganz plötzlich. Für den Halter ist das auslösende Ereignis dann meistens gar nicht zu erkennen. Es kann nämlich vorkommen, dass plötzliche laute Schreckreize, wie beispielsweise das Herunterfallen eines Gegenstandes, ein lauter Knall, der von draußen kommt, eine Katze zu einem defensiv aggressiven Ausdruck veranlasst. Die andere Katze bezieht eine solche Abwehrdrohung dann auf sich und reagiert folglich ähnlich, sodass es zu einer Rauferei kommen kann.
Auch Eifersucht, wenn eine Katze vom Halter deutlich hinsichtlich Futter und Streicheleinheiten bevorzugt wird, ist eine häufige Ursache für Aggressionen unter Katzen. Manchmal ist ihm dies gar nicht bewusst oder aber die Katze empfindet es auch nur so. Um Zwistigkeiten unter den Katzen zu vermeiden, sollten alle gleich behandelt werden, um erst gar keinen Anlass für die Entwicklung von Eifersucht zu geben.

Futter-Aggression

Dieses Verhalten kommt nur bei wenigen Katzen vor, die sehr besitzergreifend reagieren können, wenn es um ihr Futter geht. Zu beobachten ist dann ein geducktes Sich-Aufbauen über dem Futternapf, gewöhnlich begleitet von einem Knurren. In der Regel ist

in den Katzenhaushalten jedoch immer genügend Nahrung vorhanden, sodass es zu keiner echten Verteidigung dieser Ressource kommen muss.
Eher kann schon einmal Futterneid entstehen. Dieser tritt meistens bei Katzen auf, die ihr eigenes Futter in Windeseile hinunterschlingen und sich dann über die Näpfe ihrer Mitkatzen hermachen, um auch ja nicht zu kurz zu kommen. Im Notfall empfiehlt sich dann eine getrennte Fütterung, damit wirklich jede Katze zu ihrem Recht kommt und ausreichend Nahrung erhält. Ansonsten bekommt jede Katze ihre eigene Mahlzeit in ihrer eigenen Schüssel, die immer an der gleichen Stelle platziert wird. Es darf nicht erlaubt werden, dass eine Katze etwas aus der Schüssel der anderen nimmt. Damit sich jede sicher fühlen kann, muss die Futteraufnahme dann am besten überwacht werden.
Es kann auch helfen, Trockenfutter frei zur Verfügung zu stellen, um die Angst bezüglich einer begrenzten Nahrungsquelle zu verringern. Es sollte aber selbstverständlich ein qualitativ hochwertiges Trockenfutter sein.

Spielerische Aggression

Manchmal wollen Katzen einfach ihre Kräfte messen oder eine aufgestaute Jagdenergie abbauen und provozieren darum einen spielerischen Überfall auf einen Artgenossen. Zwei Katzen belauern sich, springen sich an und umklammern sich mit den Pfoten. Dabei wird der jeweilige Gegner zum Schein gebissen und mit den Hinterpfoten getreten. Wie auf Kommando lassen beide Katzen plötzlich los, rennen auseinander, und das Spiel beginnt erneut. Hierbei handelt es sich um völlig ungefährliche Scheingefechte.
Wichtig ist jedoch immer, dass die Rollen untereinander wechseln, sodass jede Katze mal die Jagende und die Gejagte ist. Ist das Ganze einseitig und wird immer nur die gleiche Katze angegriffen, besteht ein eindeutiges Ungleichgewicht, das ein Indiz für eine echte Aggression sein könnte.
Auch gegenseitiges Putzen kann damit enden, dass eine der beiden Katzen in den Nacken gebissen wird. Der Nackenbiss ist ein

Verhaltenselement, das dem Paarungsritual entstammt. Gegenseitiges Putzen ist ein soziales und vertrautes Verhalten, das manche Katze dazu bringen kann, in dieser Form zu reagieren.

Umgeleitete Aggression

Eine umgeleitete Aggression ist der Angriff einer Katze in einem hohen Erregungszustand, die das eigentliche Ziel ihrer Aggression, wie beispielsweise eine fremde Katze im Garten, nicht erreichen kann. Stattdessen richtet sie sich gegen ein anderes verfügbares Opfer, das gerade zufällig anwesend ist. So trifft es möglicherweise eine völlig unbeteiligte, ahnungslose Katze, die auf diese unerwartete und ungerechtfertigte Attacke wiederum mit aggressiver Verteidigung reagiert. In Einzelfällen kann diese aggressive Erwiderung schon vorbeugend kommen, weil sie das Knurren, Grollen oder eine aggressive Körperhaltung der ersten Katze auf sich bezieht, obwohl es gar nicht für sie gedacht war.

Manchmal provozieren auch Schockerlebnisse massive Aggressionen. Die gereizten Katzen bringen die erschreckende, bedrohliche oder schmerzhafte Situation irrtümlich mit dem zufällig anwesenden Katzenpartner in Verbindung und reagieren sich dann am vermeintlichen Urheber ab. Es handelt sich ebenfalls um eine umgeleitete Aggression, wenn eine Katze beispielsweise durch das Fenster eine fremde Katze sieht und die dadurch entstandene Aggression auf die in der Wohnung anwesende bekannte Katze umleitet. Diese sieht sich dann gezwungen, sich zu verteidigen, und das Vertrauensverhältnis der beiden kann dadurch für die Zukunft gestört sein.

Es gibt auch die Möglichkeit, dass – meistens nachts – ein unbekannter Auslöser einen extrem heftigen Angriff einer Katze auf die andere ausgelöst hat. Vielleicht hat sich eine Katze vor etwas erschreckt und dieses fälschlicherweise mit der anderen Katze in Verbindung gebracht. Auf die Menschenwelt übertragen: Vielleicht ist etwas heruntergefallen, man erschreckt sich, beschuldigt einen anderen und bildet sich auch noch ein, das wäre eine absichtliche Attacke gewesen. Entsprechend reagiert man dann. Auch bei Katzen ist das so, und die andere Katze reagiert auf den unerwarteten Angriff mit derselben Heftigkeit. Beide Katzen kämpfen miteinander, obwohl es eigentlich keinen Grund gibt, sondern nur ein Missverständnis.

Ab diesem Zeitpunkt greifen sich die Katzen dann oftmals jedes Mal, wenn sie sich sehen, erneut an. Beide fühlen sich immer wieder durch die Reaktion der anderen in ihrer eigenen Aggression bestätigt. Das können aggressive Signale der anderen sein, wie: „Komm her. Ich hau dir erneut eins auf die Nase!" oder aber eher verunsicherte Signale wie: „Hau ab. Komm mir ja nicht wieder zu nahe. Lass mich in Ruhe!" Nach diesem Auftakt entwickelt sich dann bei zusammenlebenden Katzen rasch eine Angst- und/oder Aggressionsstörung. Im Gegensatz zu einander tatsächlich feindlich gesinnten Tieren suchen sie sich nicht gegenseitig auf, um zu kämpfen, sondern werden lediglich aggressiv, wenn sie zufällig aufeinandertreffen. Kommt es zu Kämpfen, zeigen diese in der Regel Merkmale defensiver Abwehr.

Ich drücke manches hier bewusst vermenschlichend aus beziehungsweise beziehe mich auf den menschlichen Bereich. Das soll nur dazu dienen, die Hintergründe besser verstehen und nachvollziehen zu können sowie, um das Ganze zu verdeutlichen. Natürlich ist es bei Katzen immer noch etwas anders, geht aber trotzdem in die gleiche Richtung.

Auch Katzen, die nach einem Tierarztbesuch oder einer Narkose wieder nach Hause kommen und mit den anderen Katzen im gleichen Haushalt konfrontiert werden, bevor sie richtig wach sind, sind manchmal Opfer von Angriffen. Sie riechen ungewohnt und bewegen sich eigenartig unkoordiniert. Sie werden dann wie eine fremde Katze und somit als ein Eindringling behandelt. Gerade solche in einem weder geistig noch körperlich voll reaktionsfähigen Zustand erlebten Attacken können anhaltende Ängste auslösen. Umgekehrt kann es aber auch sein, dass die Katze, die mit Schmerzen zurückkehrt, sich jeden vom Leib halten will, aus Angst, dass sich ihr Schmerz sonst noch verstärkt. Zudem fühlt sie sich einer Auseinandersetzung in ihrem Zustand nicht gewachsen. Also reagiert sie auf jede Katze aggressiv, die sich ihr – eigentlich nur

neugierig und freundschaftlich – nähert. Diese fühlt sich dann natürlich zu Unrecht „angeschnauzt“ und „weggescheucht“ und reagiert wiederum selbst entsprechend.
So entstehen wirklich regelrechte Missverständnisse, wie wir es unter Menschen auch kennen. Jemand ist stinksauer, hat sich geärgert oder ist wütend und reagiert unerwartet heftig auf uns, obwohl wir ihm doch gar nichts getan haben. Oder aber jemand schimpft und grummelt vor sich hin, was wir dann direkt auf uns beziehen, obwohl wir gar nicht gemeint sind.
Eine solche Situation entspannt sich unter Umständen auch nach Stunden oder Tagen nicht, denn jedes Mal, wenn die Katzen einander sehen, reagieren sie plötzlich erneut aggressiv aufeinander. Katzen verfügen über einen körpereigenen Mechanismus, der ausschlaggebend dafür ist, ob sie in einer entsprechenden Situation kämpfen oder fliehen. Von diesem massiven gefühlsbedingten Impuls wird die Katze wahrscheinlich jedes Mal erneut ergriffen, wenn sie dem ursprünglichen, wenn auch unschuldigen, Auslöser für ihre Erregung wieder begegnet.
Das Schlimme ist, dass auf diese Weise aus echten Freunden regelrechte Feinde werden können. Die Katzenhalter sind dann immer völlig verzweifelt und können nicht verstehen, was plötzlich los ist, obwohl sich die Katzen doch vorher immer so gut verstanden haben. In den meisten Fällen gibt sich das auch nicht wieder von alleine, sondern im Gegenteil, die Fronten verhärten sich von Tag zu Tag mehr. Dies ist aber therapeutisch immer wieder gut in den Griff zu bekommen. Vor allem, wenn es vorher eine gute Basis zwischen den beiden Katzen gab, bin ich da immer äußerst zuversichtlich, dass wir wieder daran anknüpfen können. War das Verhältnis schon vorher nicht so optimal, kann man zumindest wieder Frieden untereinander erreichen, wenn auch keine echte Harmonie.

Territoriale Aggression

Bei der territorialen Aggression zeigt eine angreifende Katze keinerlei Angst. Sie wartet meist auf die andere Katze und/oder sucht aktiv deren Nähe, um aggressiv zu werden. Die soziale Struktur

unter Katzen und ihr Verhalten beruhen in erster Linie auf dem Tolerieren anderer Individuen, aber nicht unbedingt in der Anpassung an eine Hierarchie.
Ängstliche Katzen zeigen nur dann eine territoriale Aggression, wenn sie das andere Individuum zufällig in ihrem Revier oder an dessen Grenze antreffen. Sie können dann versuchen, die andere Katze aus Angst zu vertreiben. Hatten sie einmal Erfolg damit, behalten sie dieses Verhalten häufig bei.
Manchmal sind territoriale Aggressionen auch mit anderen Aggressionsproblemen verbunden, wie beispielsweise einer umgeleiteten Aggression, Aggression gegenüber einem neuen Artgenossen oder aber in Konkurrenzsituationen. Die Auseinandersetzungen potenter Kater gehören ebenfalls zur territorialen Aggression, die durch eine Kastration meist behoben werden kann.
Wenn fremde Katzen angegriffen werden, sollte der Halter kontrollieren, ob diese eventuell durch eine vorhandene Katzenklappe in das Haus eindringen konnten. In dem Fall sollte eine Katzenklappe mit Chip-Erkennung eingebaut werden, die sich nur für die eigene Katze öffnet. Andere Katzen sollten nicht auf das Territorium der eigenen Katze gelockt werden, beispielsweise durch Füttern. Eventuell kann mit den benachbarten Katzenhaltern ein Zeitplan für den Freigang ausgearbeitet werden, der dann aber auch eingehalten werden muss.
Ich persönlich finde es unverantwortlich, einen potenten Kater oder auch eine unkastrierte Katze draußen frei herumlaufen zu lassen. Dadurch wird für ungewollten Nachwuchs gesorgt, der nicht selten genug entsorgt wird oder aber das Tierheim mit weiteren unerwünschten Kätzchen füllt. Allerdings gibt es auch das Problem einer unvollständigen Kastration. Ich hatte schon einige Male mit Katern zu tun, die als Schrecken der Nachbarschaft oder aber Meister im Markieren im Haus bezeichnet wurden, von denen ihre Halterinnen aber beteuerten, dass sie kastriert seien.
Das mir beschriebene extreme Verhalten passte aber einfach so gar nicht zu einem Kastraten, sodass ich immer wieder genauer nachhakte und nicht locker ließ. Tatsächlich stellte sich genau in diesen Fällen heraus, dass dem Kater letztendlich nur ein Hoden entfernt

wurde. Der andere saß noch in der Bauchhöhle und musste operativ entfernt werden. Das ist nicht nur für eine vollständige Kastration sowie die gewünschte Verhaltensveränderung notwendig, sondern auch, um krebsartige Entartungen zu verhindern. Es ist jedoch immer erst durch einen anderen Tierarzt oder in einer Tierklinik festgestellt worden, dass der erste Operateur gepfuscht und seinen Beruf unzureichend ausgeübt hatte. Ich kann das nicht verstehen. Bisher habe ich noch nie erlebt, dass ein Kater tatsächlich nur einen Hoden hatte. In der Regel ist der andere einfach nur nicht von der Bauchhöhle in den Hodensack hinabgestiegen, sodass danach gesucht werden muss. Einfaches Tasten reicht dazu nun einmal nicht immer aus.

Absichtlich einen potenten Kater frei draußen herumlaufen zu lassen, ist absolut unverantwortlich, denn ich habe es auch mit den Opfern dieser Rabauken zu tun. Sie brechen in fremde Häuser ein, verprügeln die dort ansässigen Katzen und fressen ihnen ihr Futter weg. Sie terrorisieren unter Umständen regelrecht die Gegend und versetzen andere Katzen in Angst und Schrecken. Mit deren Verhaltensauffälligkeiten werde ich dann konfrontiert und um Hilfe gebeten. Wenn ich dann höre, dass der Halter des entsprechenden Katers zu keinerlei Entgegenkommen bereit ist, finde ich das äußerst egoistisch und rücksichtslos.

Es kann auch vorkommen, dass eine Veränderung in der Wohnung, wie Renovierung oder Umzug, dazu führen kann, dass Katzen, die sich bisher friedlich die Territorien innerhalb ihres Lebensraumes geteilt hatten, nun um einen Platz streiten. Aber auch sonst können territoriale Streitigkeiten in der Wohnung dann und wann einmal aufflackern, da jede Katze das Gefühl braucht, ihr eigenes persönliches Revier beziehungsweise ausreichende Rückzugsmöglichkeiten zu besitzen. Je mehr Katzen in einem Haushalt leben, desto kleiner wird das Territorium für jede einzelne Katze. Je mehr Raum dagegen für jede Katze zur Verfügung steht, umso geringer ist das Risiko eines Streits. Bei Revierstreitigkeiten in der Wohnung sollte für eine katzengerechte Gestaltung mit vielen interessanten Plätzen in verschiedenen Höhen gesorgt werden. Außerdem sollten nicht andauernd die Möbel umgestellt werden.

Hormonell bedingte Aggression

Mit Ausnahme der Selbstverteidigung ist ein aggressives Verhalten draußen meistens mehr oder weniger mit der Fortpflanzung verbunden. Kater beanspruchen Reviere, in denen sie regelmäßig patrouillieren und kontrollieren, ob die dort lebenden Kätzinnen rollig werden. Andere Kater werden aus diesem Territorium vertrieben. Das Werben eines Katers schließt auch aggressives Verhalten mit ein, während Kätzinnen darum kämpfen, ein Gebiet für ihre Nachzucht einzurichten sowie ihre Jungen gegen Eindringlinge zu verteidigen. Erwachsene Kater kämpfen um Reviere und/oder Kätzinnen.

Männliche Katzen, egal ob kastriert oder nicht, haben die Neigung, mit anderen Katern zu kämpfen. Dieses Verhalten ist prinzipiell sexuell motiviert und Ausdruck eines Prozesses, der bei Katern durch die Einflüsse männlicher Hormone entsteht. Es handelt sich bei dieser Art von Aggression um eine Form, die durch eine rechtzeitige Kastration weitgehend oder völlig verändert werden kann. Bei einem Kater, der erst spät kastriert wurde, hat sich das draufgängerische Kampfverhalten unter Umständen schon verselbstständigt, sodass es beibehalten wird.

Oftmals tritt Aggression zwischen Katern im Zusammenhang mit der Kontrolle des Territoriums auf, mit einem Wettbewerb, wie um Futter oder die Hierarchie, oder wenn in der Nähe ein rolliges Weibchen ist. Diese Form ist dann an einem dem Kampf vorausgehenden, typischen Imponierdrohen erkennbar.

Auch im Haus kann es zu hormonell bedingten Auseinandersetzungen kommen, wenn die Tiere nicht kastriert sind. Dann werden eine entsprechende Rangfolge sowie Rivalitäten ausgefochten oder aber Annäherungen seitens der Kätzinnen abgewehrt.

Maternale (mütterliche) Aggression

Katzenmütter verstecken ihre Welpen oder bringen sie aus Sicherheitsgründen von einem Ort zum anderen. Werden sie in der Natur von anderen Tieren gestellt und können ihre Jungtiere nicht wegbringen, verteidigen sie diese. Bei der Wohnungshaltung kommt es daher immer wieder vor, dass Mutterkatzen ihre Jungen gegenüber fremden Besuchern oder anderen Tieren verteidigen. Manchmal sogar auch gegenüber ihrem Halter, wenn das Vertrauensverhältnis nicht groß genug ist. Dies ist ein ganz normales Verhalten. Man sollte dann einfach die Mutterkatze ausreichend in Ruhe lassen und jedes Verhalten vermeiden, das auf sie bedrohlich wirken könnte.

Natürlich ist es jedoch wichtig, dass sich die Kitten frühzeitig an Menschen gewöhnen und regelmäßigen Körperkontakt kennenlernen. Dazu ist die Mutterkatze notfalls mit Futter wegzulocken oder in einem anderen Raum zu füttern.

Asoziale Aggression

Darum handelt es sich, wenn eine erwachsene Katze sich beispielsweise gegenüber einem Jungtier aggressiv verhält. Vielleicht wurde für eine ältere Katze nach dem Tod ihres langjährigen Gefährten eine neue kleine Katze angeschafft. Da die Katze jedoch noch trauert, wird sie auf eine Kontaktaufnahme der Jungkatze ziemlich negativ reagieren. Es sollte daher nie übereilt eine neue Katze ins Haus geholt werden.

Bevor ein neuer Stressfaktor in das Leben der zurückgebliebenen Katze gebracht wird, müssen erst ihre Stimmung und ihr Selbstvertrauen wieder aufgebaut werden. Sie benötigt eine große Menge an Aufmerksamkeit sowie Zuneigung, und eine Spieltherapie ist ein absolutes Muss, denn die Katze braucht gerade jetzt Sicherheit und Trost. Diese Form der Zuwendung ist wichtig, um sie spüren zu lassen, dass ihr Zuhause sicher ist, die Familie für sie da ist und sie noch immer geliebt wird. Erst wenn die Katze die Krise überwunden hat, sollte über einen neuen Gefährten nachgedacht werden.

Auch bei nicht oder nicht ausreichend sozialisierten Katzen kann es zu asozialen Aggressionen kommen. Dann hat die Katze nicht gelernt, wie sie mit ihren Artgenossen umzugehen hat, missversteht die Körpersprache der anderen und verhält sich einfach unangemessen. Das sind Katzen, die zu früh von Mutter und Geschwistern getrennt worden sind und denen somit keine adäquaten Umgangsregeln beigebracht wurden.

Gegenmaßnahmen

In erster Linie müssen die Haltungsbedingungen, die bisherigen Lebensumstände, die Umwelt sowie Veränderungen ergründet werden, um das aggressive Verhalten therapieren zu können. Auch eine klinische Untersuchung durch den Tierarzt kann vorab notwendig sein.
Der Tierpsychologe muss dem Halter das Normalverhalten sowie die Ursachen und Hintergründe des aggressiven Verhaltens erläutern, um dessen Mitarbeit zu erreichen. Ein aufgeklärter Halter ist dann bereit, mitzuwirken und gegebenenfalls sein eigenes Verhalten und/oder die Lebensbedingungen der Katze zu ändern.
In Fällen anhaltender Aggression sollten die Katzen möglichst nicht gleichzeitig gefüttert werden, wenn es dabei zu Problemen kommt. Insgesamt empfiehlt sich eine Fütterung mit natürlichem Futter, ohne Zucker und Konservierungsstoffe, da diese Zusatzstoffe aggressionsfördernd wirken.
Sind die Auseinandersetzungen unter den Katzen zu heftig oder aber leidet eine offensichtlich zu sehr darunter, ist es ratsam, die Katzen für eine gewisse Zeit voneinander räumlich zu trennen. Ich plädiere jedoch immer dafür, dass dies nur eine vorübergehende Maßnahme sein sollte. Das Ziel – ein harmonisches Zusammenleben mit allen Beteiligten in der gesamten Wohnung – sollte nämlich nicht aus den Augen verloren werden. Zudem ist eine plötzliche Reviereinschränkung ein zusätzlicher Stressfaktor und stellt keine artgerechte Haltung dar. Ich kann daher nur empfehlen, sich schnellstmöglich professionelle Hilfe zu suchen, damit sich die Katzen nicht immer weiter voneinander entfernen und der Ausnahmezustand zwischen den Tieren zur Normalität wird. Außerdem ist es zu Beginn einer Unstimmigkeit immer leichter, diese aus der Welt zu schaffen und wieder zu einer Annäherung zu finden, als wenn sich das Ganze schon über einen ziemlich langen Zeitraum hinzieht.

Auf laienhafte Zusammenführungen sollte möglichst verzichtet werden, da diese das Problem erst recht noch verschlimmern können. Die Methode, zwei Menschen halten jeweils eine Katze auf dem Arm und führen die beiden dann zusammen, „um ihnen zu zeigen, dass doch alles in Ordnung ist", ist das Verkehrteste, was man machen kann. Davon ist definitiv abzuraten, denn es verstärkt die gegenseitige Abneigung nur noch, da Zwang ausgeübt wird. Zudem ist es auch nicht ungefährlich für den Zweibeiner, der beim verzweifelten Versuch der Katze, dieser unerträglichen Situation zu entkommen, heftigst attackiert werden kann.

Manchmal ist es entscheidend, die Lebensumstände einer Katze zu ändern, denn nur optimale Haltungsbedingungen können helfen, Probleme zu beseitigen. Das Konfliktpotenzial muss minimiert und das Zusammenleben optimiert werden. Außerdem ist darüber nachzudenken, ob die erhöhte Aggressionsbereitschaft der Katze(n) aus einem spannungsgeladenen Umfeld resultiert. Streit in der Familie oder entscheidende Veränderungen können eine Katze aus ihrem seelischen Gleichgewicht bringen.

Ich habe bisher noch nie einfach empfehlen müssen, sich von einer Katze zu trennen, weil es mit einer anderen Katze auf Dauer überhaupt nicht funktionierte. In der Regel gibt es immer eine akzeptable und für alle Beteiligten erträgliche gemeinsame Lebensweise. Dieses kann allerdings eher ein Nebeneinander als ein Miteinander sein. Wenn ich allerdings merke, dass eine artgerechte Haltung, beispielsweise bei zu vielen Katzen, nicht gegeben ist, oder aber, wenn aus Bequemlichkeit oder mangelndem Engagement meine Empfehlungen nicht umgesetzt werden und somit der Katze nicht geholfen wird, halte ich es manchmal doch für besser, dass diese Samtpfote ein anderes Zuhause findet, das ihr eher entspricht.

Entscheidend ist vor allem, in einem Mehrkatzenhaushalt darauf zu achten, ob es zu subtiler Bedrohung kommt. Manchmal bekomme ich zu hören, der Kater mache gar nichts, aber die Katze fauche ihn trotzdem einfach an. Dann handelt es sich keinesfalls um einen „Unschuldsknaben". Die Katze hat ganz genau die feinen Drohsignale mitbekommen, die dem Halter einfach entgangen sind, wie beispielsweise den bedrohlichen fixierenden Blick.

Gerade ängstliche und unsichere Katzen, die kein Selbstbewusstsein haben, werden zum Opfer einer oder sogar mehrerer anderer Katzen. Bei ihnen macht es nämlich leider einfach besonders viel Spaß, da sich die eine Katze dann besonders stark fühlen kann, weil die andere sich so herrlich aufregt und schreiend das Weite sucht. Eine unsichere Katze fordert ein solches Mobbing also leider unbewusst praktisch heraus.
Eine andere Katze im gleichen Haushalt, die auf solche Pöbeleien oder Rabaukentum völlig souverän reagiert oder mit einem Pfotenhieb ihre Grenzen aufzeigt, wird viel eher in Ruhe gelassen. Sie braucht nicht einmal zum Gegenangriff übergehen, sondern ihre lockere, unbeeindruckte Art, mit dieser Situation umzugehen, reicht völlig aus. Erinnert nicht auch das in gewisser Weise an die Menschenwelt?
Es muss wirklich unbedingt darauf geachtet werden, ob eine Katze eine andere am Toilettengang hindert oder ihr anschließend auflauert oder strategische Durchgangsstellen besetzt. Viele Halter merken oft gar nicht, dass ein Tier gemobbt wird, weil sie denken, Aggression zeige sich nur in direkten Angriffen, oder fälschlicherweise der Ansicht sind, die fauchende Katze sei dominant. Die eine Katze liegt malerisch, wie hingegossen, genau im Durchgang, rollt sich dabei vielleicht noch niedlich auf den Rücken. Das ist das, was der Mensch wahrnimmt. Die andere Katze erkennt jedoch sofort die Provokation und das Verbot, es ja nicht zu wagen, den Raum zu verlassen oder zu betreten. Wenn sie es trotzdem wagt, an dieser eindeutig drohenden Katze vorbeizugehen, wird sie mit an großer Wahrscheinlichkeit grenzender Sicherheit augenblicklich attackiert. Wie an anderer Stelle erwähnt, bietet gerade die „verführerische" Rückenlage dafür umfangreiche Möglichkeiten.
Ganz wichtig ist es immer, genau herauszufinden, ob es sich tatsächlich um eine echte Aggression oder eine der vielen anderen Aggressivitätsformen und -ursachen handelt oder doch eher um Unsicherheit, allerdings nach der Devise: „Angriff ist der beste Weg zur Verteidigung". Nur dann kann bei der Therapie an der richtigen Stelle angesetzt und beiden Katzen dort Unterstützung zuteil werden, wo sie es genau brauchen.

Aggression gegen Menschen

Aggressionen gehören zum normalen Verhalten und sichern das Überleben eines Individuums sowie der Art. Eine Katze kratzt oder beißt nicht ohne Grund, sondern jegliches aggressive Verhalten hat eine Ursache. Sie attackiert selten ohne Provokation und beißt kaum zu, ohne zuvor zu warnen. Darum ist es wichtig, sich mit den kätzischen Umgangsformen vertraut zu machen. Die einzig wirksame Therapiemethode ist, die Ursache zu erkennen und nach Möglichkeit zu beheben. Die Katze für ihr Verhalten zu bestrafen, bringt nichts und verschlimmert das Problem nur, da sie Angst vor dem Menschen bekommt oder sich herausgefordert fühlt und das Verhältnis zwischen beiden erst recht beschädigt wird.
Kurzhaarige Rassen gelten eher als aggressiv als langhaarige. Auch das Alter einer Katze spielt eine Rolle. Bei älteren Katzen können dann aufgrund altersbedingter Gemütsveränderungen, wie Altersstarrsinn, heftigere Aggressionen auftauchen. Kater sind in der Regel verträglicher als Katzen – Ausnahmen bestätigen wie immer die Regel –, und potente Tiere haben mehr Aggressionspotenzial als kastrierte. Zu früh von der Mutter weggenommene Jungtiere gelten ebenso als problematisch, wenn ein zu früher Wechsel in ein neues Heim erfolgt. Räumlich beengte Verhältnisse, die es der Katze oft unmöglich machen, Stressfaktoren aus dem Weg zu gehen, zeigen ebenfalls negative Auswirkungen. Selbstverständlich ist es aber letztendlich immer eine Typfrage und hängt ganz von dem jeweiligen Individuum ab, ob und in welchem Ausmaß es zu Aggressivität neigt oder nicht.
In der Natur dienen Aggressionen dem Partnerschaftsverhalten, der Ausschaltung von Konkurrenz, was vielfach fortpflanzungsbedingt ist, sowie der Selbstverteidigung oder der Verteidigung eines Territoriums, der Jungtiere oder einer Hierarchie.
Es ist zwischen einer Verteidigungs- und einer Angriffsaggression zu unterscheiden. Das Jagd- und Beuteverhalten stellen bei einer Katze keinerlei Ausdrucksweisen von Aggression dar. Jagd bedeu-

tet für die Katze Triebbefriedigung und macht Spaß. Sie findet auch nicht nur in erster Linie zum Nahrungserwerb statt, da das Jagdverhalten bereits durch den Anblick einer Beute und nicht erst durch Hunger ausgelöst wird. Aggressionen gegen andere Katzen oder gegen Menschen sind fälschlicherweise ausgelöste und/oder gerichtete Reaktionen auf einen Reiz, der Schmerzen auslöst, oder die Erwartung oder Angst vor Schmerz.

In der freien Wildbahn fliehen Katzen in kritischen Situationen eher, als dass sie kämpfen. Eine Katze versucht, über Vokalisieren und Körpersprache Auseinandersetzungen in der Regel eher zu verhindern. Sie hat Strategien entwickelt, um größer und gefährlicher zu erscheinen. Dazu macht sie einen Buckel, und Schwanz sowie Haare werden aufgestellt. Allerdings sind Haustiere, also auch die Hauskatze, oftmals aggressionsbereiter als ihre frei lebenden Verwandten.

Ihr Verhalten hängt sowohl von dem auslösenden Reiz als auch von der inneren Reaktionsbereitschaft ab, die sehr individuell ausgeprägt ist. Gleiche oder ähnliche Verhaltensweisen müssen nicht bei allen Katzen auf den gleichen Ursachen beruhen, und verschiedene Verhaltensweisen können wiederum von den gleichen Reizen ausgelöst werden. Defensive Aggression, Abwehr- und Fluchtverhalten sind für Katzen die wichtigsten Bewältigungselemente bei Angst. Die richtige Entwicklung und Erziehung der Hauskatze ermöglicht es ihr, mit den alltäglichen Erfahrungen und Erlebnissen, Ängsten und Aggressionen angemessen umzugehen.

Ausdruck des Verhaltens

Der Grad der Aggression, die bei einer Katze durch die gesamte Körperhaltung ausgedrückt wird, ist erkennbar an der Ohrenstellung. Eine geringe Aggressionsbereitschaft liegt vor, wenn die Innenseite der Ohrmuschel zur Seite gerichtet ist. Orientiert sich die Öffnung der Ohrmuschel dagegen nach hinten und ist das gesamte Ohr angelegt, ist die Katze in hoher Aggressionsbereitschaft. Je enger die Form der Lidspalte ist, umso aggressiver ist die Katze. Bei Aggression sind die Pupillen starr fixierend.

Spitze Mundwinkel wirken aggressiver als runde. Je mehr Backenzähne zu sehen sind, umso aggressiver ist die Katze. Steil aufgestellt und buschig dient der Schwanz mehr dem Imponieren und ist weniger Ausdruck von Aggression. Bei einer angriffsbereiten Katze richtet sich der Schwanz eher hakenförmig nach unten mittig in Richtung der Hinterbeine. Peitscht er unruhig und heftig hin und her, liegt eine hochgradige Aggressionsbereitschaft vor. Aggressives Pfotenheben kann im Stehen, Sitzen und auch in der Rückenlage erfolgen. Die Rückenlage ist eine ideale Abwehrhaltung, bei der alle vier Pfoten gut eingesetzt werden können.
Die Erscheinungsbilder aggressiven Verhaltens bei Katzen sind vielfältig. Deshalb muss auf jeden Fall individuell eingegangen werden. Auch die Therapiestrategie muss auf die Möglichkeiten und Umstände des konkreten Haushaltes ausgerichtet werden. Generell gilt, dass bereits jede Veränderung des sozialen Milieus bei entsprechenden Charaktertypen zu einer vorübergehenden oder auch länger anhaltenden Aggressivität führen kann. Eine Wesensveränderung kann ebenso durch den Tod der Bezugsperson, mit der die Katze besonders eng verbunden war, ausgelöst werden.

Ursachenforschung

Aggressionen gegenüber Menschen werden unterteilt in eine umgeleitete Aggression, durch Angst ausgelöste Aggression, eine Spielaggression oder eine schmerzbedingte Aggression.
Aggressive Reaktionen von Katzen gegen Menschen können heftiger ausfallen, da der große Mensch einer Katze Angst einflößen kann und zudem häufig auf einen Angriff falsch, also nicht katzengemäß reagiert. Häufig wird dann nämlich versucht, die Katze festzuhalten oder etwa für ihr Verhalten zu bestrafen. Dadurch erhöht sich die Erregung der Katze weiter und äußert sich mit einer entsprechend gesteigerten aggressiven Reaktion. Eine Katze, die sich umdreht und den Menschen, der ihr auf den Schwanz getreten hat, in den Fuß beißt, handelt artgerecht. Wird sie dafür getreten oder geschüttelt, lernt sie Füßen nach Möglichkeit auszuweichen oder aber sofort in einen Fuß zu beißen, sobald sich einer nähert.

Aggressionsprobleme, vor allem gegen den Halter, liegen daran, dass es immer wieder zu Missverständnissen kommt. Üblicherweise beantworten viele Menschen eine, wenn auch nur vermeintliche, Aggression mit einer Gegenaggression. Obwohl der Mensch größer und stärker ist, muss er dabei den Kampf nicht gewinnen. Die Katze ist schnell, beweglich, intelligent und verfügt über besondere Waffen. Natürlich verbessern Zweikämpfe eine Problemsituation keineswegs, sondern erschweren den anschließenden Zugang zur Katze nur.
Die häufigsten Ursachen für aggressives Verhalten sind jedoch Irritationen und Missverständnisse. Häufig wird eine Aggression durch ein falsches Verhalten des Halters auch noch unwissentlich und unabsichtlich gefördert oder belohnt.
Bei einem kurzen Angriff der Katze, wenn sie beispielsweise aufgeschreckt oder geärgert wurde, handelt es sich lediglich um Reflexe. In dem Fall hat die Katze ein Recht darauf, sich gegen diese Rücksichtslosigkeit zur Wehr zu setzen. Generell sollte eine Katze beim Schlafen, Fressen oder ihrer Fellpflege nicht gestört werden.
Viele Aggressionen sind angstbedingt und werden durch bedrohliche Situationen und/oder beängstigende Reize ausgelöst, wie ein Tierarztbesuch, der Aufenthalt in einem Tierheim oder aber Geräusche, welche die Katze nicht kennt, die sie nicht einordnen oder denen sie nicht ausweichen kann. Bestrafungen sind ebenso häufig Ursachen von Angstaggressionen gegen Menschen.

Aggression gegenüber Menschen

Es gibt Aggressionen gegenüber Menschen, die denen der territorialen, umgeleiteten, Stress reduzierenden oder maternalen Aggression gegenüber Artgenossen gleichen. Die Katze wirkt im ersten Moment sehr bedrohlich, sträubt ihr Fell, fixiert den Menschen und greift an. Oft ist der aggressionsauslösende Reiz zum Zeitpunkt des Angriffs gar nicht deutlich ersichtlich.
Aggressionen gegen Menschen sind jedoch in der Regel eher angstbedingte Defensivaggressionen der Katze oder entstammen anderen Aggressionsformen. Eine echte Aggression der Katze kommt

in der Regel jedoch nicht vor. Dafür bietet der Mensch einfach nicht die entsprechende Angriffsfläche. Er macht der Katze weder ihr Futter noch ihr Revier noch ihre Geschlechtspartner streitig.
Mögliche Ursachen können eine mangelhafte Sozialisierung auf den Menschen, eine Interaktion mit Menschen, die Schmerzen auslöste, oder aber eine falsche Reaktion des Menschen, beispielsweise bei einer umgerichteten Aggression der Katze gegen ihn, sowie das Unterschreiten ihrer Individualdistanz sein.
Es gibt schüchterne Katzen, die von Natur aus zurückhaltend sind und dem Menschen nicht aus Angst, sondern meist aus angeborener Vorsicht aus dem Weg gehen. Möglicherweise haben noch gar keine schlechten Erfahrungen mit Menschen stattgefunden, aber eben auch keine guten. Ängstliche Katzen, die bereits verschiedene Halter hatten und im Tierheim waren, sind oft durch schlechte Erfahrungen mit Menschen verschreckt und ängstlich. Wilde Katzen sind Menschen einfach nicht gewohnt und mussten lernen, alleine zurechtzukommen.
Ob Katzen aus Wildaufzuchten oder -fängen nicht besser wieder freigelassen werden sollten, kann durch den Grad ihrer Sozialisation festgestellt werden. Wenn sich ein Mensch der Katze mit ausgestreckter Hand nähert und sie sofort ohne vorheriges Fauchen zuschlägt, sollte sie nach einer Kastration besser wieder ausgesetzt werden. Faucht sie dagegen, lässt sich aber nach einiger Zeit anfassen und streicheln, ist dies ein Hinweis, dass sie mit lockerem Menschenanschluss leben kann. Lässt sich die Katze nach einigem Streicheln sogar hoch- und auf den Schoß nehmen oder macht bei einem durch den Menschen initiierten Objektspiel sofort mit, kann sie ohne weiteres vermittelt werden.
Katzen reagieren deutlich aggressiver auf Menschen, die für sie in engem Zusammenhang mit einem negativen Reiz stehen. Oftmals handelt es sich hierbei um eine umgeleitete Aggression. Manchmal attackiert eine Katze im Anschluss an einen Transport, der eine Stresssituation für sie darstellte, die nächstbeste Person, weil sie sich einfach abreagieren muss.
Wichtig ist, eine aggressionsauslösende Situation möglichst zu meiden. Die Katze sollte nicht bestraft werden und der Halter sollte

nicht versuchen, sich in eine körperliche Auseinandersetzung mit der Katze zu begeben. Der zügige Beginn einer Therapie ist erforderlich.
Manchmal ist die Aggression von Katzen auch nur gegen eine bestimmte Person gerichtet und kann sogar auch geschlechtsspezifisch sein. Entweder kam die Katze als Jungtier nur mit Menschen eines Geschlechts in Kontakt oder aber hat eine traumatische Erfahrung gemacht. Meistens mögen Katzen mangels Erfahrung im Umgang keine Männer, während eine Abneigung gegen Frauen sehr selten ist.
Mit einer entsprechenden Desensibilisierungs- und Gewöhnungstherapie, die schrittweise und sehr geduldig mit viel Einfühlungsvermögen durchgeführt werden muss, ist dieses Problem in den Griff zu bekommen.
Es gibt auch eine erlernte Aggression, bei der eine Katze in einer ähnlichen Situation aggressiv reagierte und damit Erfolg hatte, indem dieser oder irgendein anderer Mensch sie daraufhin in Ruhe ließ. Die Katze muss umlernen, dass das, was sie zu diesem oder allen Menschen gespeichert hat, nicht (mehr) stimmt beziehungsweise nicht auf alle Menschen zutrifft. Die positiven Erfahrungen müssen dabei das negativ Gelernte überlagern. Auch dieser Prozess erfordert viel Geduld und Einfühlungsvermögen. Die Katze darf niemals Angst verspüren, sich in die Enge gedrängt fühlen oder sich zur Gegenwehr veranlasst sehen. Jegliche Aktivität und Annäherung sollte von der Katze ausgehen, und im Extremfall ist direkter Augenkontakt zu vermeiden.
Grundsätzlich sollten Desensibilisierungs-Therapien unbedingt von kompetenten Tierpsychologen begleitet sowie ein individueller, detaillierter Therapieplan gemeinsam mit dem Halter erarbeitet werden. Als begleitende Maßnahmen können alternative Heilmethoden, wie Bach-Blüten, eingesetzt werden.

Angstbedingte Aggression

Katzen entwickeln beispielsweise eine angstbedingte Aggression, wenn sie an der Flucht gehindert werden. Eine derartige Situation

ist für eine Katze auch der häufigste Grund, Menschen zu beißen, beispielsweise, wenn sie in eine Ecke gedrängt wird und sich einfach nicht mehr anders zu helfen weiß. Dabei ist die Katze nur daran interessiert, dass ihr Gegner sich entfernt und sie in Ruhe lässt. Sie macht keinerlei Anstalten, ihn zu verfolgen, um den Kampf fortzusetzen. In der Regel versteckt sich eine Katze oder flüchtet vor den Menschen, die bei ihr Angst hervorrufen, sofern ihr dies möglich ist.
Eine angstbedingte Aggression lässt sich am einfachsten dadurch vermeiden, dass die Katze gar nicht erst in eine Situation gebracht wird, in der sie große Angst hat und sich bedrängt fühlt. Auch festgehalten zu werden, und sei es in Form von Schmusen, löst bei vielen Katzen aufgrund ihres ausgeprägten Bedürfnisses nach Individualdistanz Panik aus. In der Welt der Katzen bedeutet von einem Gegner festgehalten zu werden, gebissen und/oder sogar getötet zu werden. Es stellt also eine absolute Bedrohung für eine Katze dar, die daran nicht gewöhnt ist.

Spielaggression

Eine Spielaggression ist Jagdverhalten, das an einem falschen Objekt ausgelebt wird. Diese tritt recht häufig bei einzeln gehaltenen Wohnungskatzen auf, die unterbeschäftigt sind. Es handelt sich dann einfach um einen Triebstau, den die Katze auf diese Weise beseitigen will. Dies ist keine echte Aggression, und aus der begleitenden Mimik der Katze ist auch eindeutig ersichtlich, dass es sich ausschließlich um ein Abreagieren der Unterforderung und des Bewegungsstaues handelt. Es ist eine Reaktion auf bestimmte Reize.
Eine unzureichende Beschäftigung der Katze führt zu einem umgerichteten Jagdverhalten. Es gibt dann Überfälle auf menschliche Füße, Hände, andere Katzen und alles, was sich bewegt. Endlich bewegt sich mal ein Objekt, und wenn es nur die Beine oder Füße des Menschen sind. Die Katze sucht dabei die Körperberührung sowie die Aufmerksamkeit des Menschen und will ihn praktisch zum Spielen beziehungsweise Jagen herausfordern.

Dieser reagiert in der Regel auf diese Aufforderungshandlungen, die von vielen Haltern irrtümlicherweise als Aggression interpretiert werden, mit Strafen und Schreien, was die Katze wiederum als Aufmerksamkeit ansehen kann. Manche Halter spielen überhaupt nicht mit ihren Katzen, ohne zu wissen, was Spielen für eine Katze bedeutet und wie elementar wichtig diese Betätigung ist. Häufig fehlt auch grundsätzlich aus mangelnder Zeit oder Lust die Spielbereitschaft der Halter. Sie haben sich nicht ausreichend klar gemacht, dass eine Katze Beschäftigung braucht.

Spielaggressionen treten in jedem Alter auf und sind die häufigsten Aggressionen von Katzen gegenüber Menschen. Oft werden sie durch den Menschen selbst bei einem ausgelassenen, heftigen Spiel mit der Katze provoziert. Bei ihr wird dann irgendwann überraschend der Reiz ausgelöst, ihre Waffen einzusetzen. Gerade bei jungen Katzen wird dieses Verhalten oftmals regelrecht erlernt. Sie werden von ihren Haltern nicht gestoppt, weil diese glauben, dass dies zum Spielen mit Katzenjungen dazugehört, ohne zu bedenken, dass die Katze irgendwann groß ist. Unbewusst belohnen viele Halter spielaggressives Verhalten zusätzlich, indem sie schimpfen, schreien oder hinter der flüchtenden Katze herlaufen. Das bedeutet für die Katze, dass der Halter aktiv mitspielt.

Selbst aggressiv auf ein solches Verhalten der Katze zu reagieren ist zudem ungerechtfertigt. Wenn es mir zwischendurch einmal passiert, dass ich beim Spielen gekratzt werde, weiß ich, dass ich einfach nicht schnell genug war oder aber nicht genügend aufgepasst habe.

Ein jammernder, jedoch nicht aggressiver Schmerzenslaut ist da weitaus effektiver, weil die Katze dadurch erkennt, dass sie Schmerzen verursacht hat. Das ist ihr meistens nicht bewusst, da Katzenhaut dicker und durch das Fell viel besser geschützt ist als die des Menschen. Es kann helfen, sich einen ganz bestimmten jammernden „Aua-Laut" in einer hohen Stimmlage anzugewöhnen, der jedes Mal in einer solchen Situation eingesetzt wird, um der Katze einen Hemmreiz zu vermitteln. Sobald die Katze diesen Laut kennt, kann er bereits benutzt werden, wenn sie gerade zum Beißen oder Kratzen ansetzt, sodass dies damit verhindert wird.

Zunächst sollte der Halter den Umgang mit seiner Katze entsprechend ändern. Problemsituationen sowie eine unbewusste Belohnung sollten vermieden und die Lebensbedingungen der Katze in Form von mehr Abwechslung verbessert werden. Die Katze war zu viel alleine und/oder hatte zu wenig Möglichkeiten, ihren Bewegungsdrang auszuleben. Mit der Katze wurde zu wenig oder auch falsch gespielt. Das Spielen mit direktem Einsatz der Hände sollte unterlassen werden. Es sollte Spielzeug bereitgelegt werden, das geworfen oder gefahrlos bewegt und von ihr gejagt werden kann. Wird die Katze zu wild, ohne (!) dass der Halter dies provoziert hat, das Spiel abrupt abbrechen. So lernt die Katze, dass sich dieses Verhalten für sie nachteilig auswirkt.

Wenn die Katze im Spiel zufällig beißt oder kratzt, darf die Hand nicht zurückgezogen werden. Rückzug ist die Art und Weise, wie eine Beute reagiert, und das wird die Katze nur dazu veranlassen, erst recht anzugreifen. Außerdem fügen Krallen und Zähne aufgrund ihrer Beschaffenheit beim Wegziehen der Haut nur noch mehr Schaden zu. Die erste Reaktion sollte daher sein, die Hand entweder ganz ruhig zu halten, bis sich der Biss daraufhin lockert, oder die Hand auf die Katze zuzuschieben. Durch das Gegenschieben kann sich die Hand leichter von Krallen oder Zähnen befreien. Außerdem verwirrt es die Katze, da sie ja genau das Gegenteil erwartet, denn normale Beute würde sich niemals so verhalten.

Oft geschieht es, dass die Katze den Menschen unerwartet aus dem Hinterhalt überfällt und gewöhnlich seine Knöchel oder Beine attackiert. Dabei handelt es sich ebenfalls um fehlgeleitetes Jagdverhalten, das immer durch Bewegung ausgelöst wird. Da Beine und Zehen sich immer auf der Höhe einer Katze bewegen, sind sie ein gutes Ziel. Die entsprechende Reaktion des Menschen, wie Schimpfen und Hinterherrennen, betrachtet die Katze als Belohnung, da die „Beute" reagiert und agiert.

Die Katze braucht dann mehr Zeit mit interaktivem Spiel mit ihrem Halter, damit ihr Jagdinstinkt in gemäßigtere Bahnen gelenkt wird und sie sich dabei abreagieren kann. Es sollten der Katze ausreichend Möglichkeiten gegeben werden, ihr Erkundungs- und Jagdverhalten auszuleben.

Streichelaggression

Beißen tritt bei Katzen bei einem schnellen Stimmungsumschwung auf, der von einem unaufmerksamen Menschen nicht erkannt wurde. Gerade sind sie noch freundlich gestimmt und genießen die Berührung, da kommt es plötzlich zu einem Biss oder einem Pfotenhieb. Dies ist keine angstbedingte Aggression, da eine ängstlich-aggressive Katze ein Streicheln beziehungsweise eine Annäherung gar nicht erst dulden würde. Hier wurde die bei Katzen sehr ausgeprägte Individualdistanz unterschritten. Es kann auch sein, dass ihre Toleranz hinsichtlich der zeitlichen Duldung dieses engen Körperkontakts überschritten wurde. Auch wenn der Mensch die Katze nicht bewusst streichelt, sondern monoton oder immer auf derselben Stelle oder in einem unangenehmen Tempo, zeigt die Katze irgendwann deutlich, dass ihr diese Art der Berührung unangenehm ist.
Viele Menschen sind dann der Ansicht, dass die Katze plötzlich und ohne Warnung beim Streicheln völlig unvermittelt beißt oder kratzt. Die bereits vorher von ihr ausgesandten Signale, wie beispielsweise das Zucken des Schwanzes, das Anlegen der Ohren, eine leichte Anspannung der Muskulatur oder das Zucken des Fells, die eine andere Katze genau verstanden hätte, hat er nicht bemerkt. Es handelt sich also um ein absolut normales Verhalten der Katze. Der Mensch muss einfach lernen, ihre Körpersprache richtig zu interpretieren.

Umgeleitete Aggression

Bei dieser Aggression befindet sich die Katze in einer Schmerz- oder in einer Stresssituation. Sie reagiert demjenigen gegenüber aggressiv, der sich am nächsten befindet, egal ob Mensch oder Tier. Es ist also immer eine durch Schmerz oder Schreck ausgelöste aggressive Übersprungshandlung. Wenn die Katze beispielsweise während der Behandlung durch den Tierarzt Schmerzen erleidet, kann es sein, dass sie ihren Halter, der sie liebevoll festhält oder streichelnd trösten will, beißt oder kratzt. Die Katze kann dem

ursprünglichen, provozierenden Reiz nicht entfliehen und muss ihre Erregung einfach irgendwie abreagieren.
Auch wenn die Katze am Fenster sitzt und Vögel oder Insekten beobachtet und dabei schnattert, sollte sie besser nicht gestreichelt werden. Die Katze ist ein Ansitzjäger und jagt bereits rein optisch, noch bevor ihr restlicher Körper überhaupt zum Einsatz kommt. Beim Schnattern handelt es sich um eine Instinkthandlung, die ihre Erkenntnis ausdrückt, dass die beobachtete Beute für sie, beispielsweise aufgrund der trennenden Fensterscheibe, unerreichbar ist. Doch die ganze Anspannung der Jagd und die Konzentration auf die Beute sind dennoch in der Katze vorhanden. Ihr Jagdtrieb ist aktiviert, findet aber keinen Weg, ausgelebt werden zu können. Dieser Triebstau sucht sich ein Ventil, und dann reicht eine leichte Berührung aus, um die aufgestaute Aggression am Menschen auszuleben.
Mit an Sicherheit grenzender Wahrscheinlichkeit tritt dieses Verhalten auf, wenn die Katze draußen in ihrem Garten eine fremde Katze sieht. Sie ist hocherregt und beobachtet jede Bewegung des frechen Eindringlings. Wenn jetzt ihr Mensch von hinten kommt und sie zur Beruhigung berührt, wird sie ihn unter Umständen angreifen. Das ist, als wenn wir hochgradig erregt sind, uns über einen Vorgang, den wir angespannt beobachten, fürchterlich ärgern und aufregen. Da fasst uns plötzlich unvermittelt von hinten jemand an die Schulter, wir drehen uns reflexartig um und schlagen zu oder stoßen den vermeintlichen Angreifer zumindest von uns oder schreien ihn wenigstens aggressiv an. Das Gleiche gilt, wenn Katzen sich gegenseitig anstarren und die menschliche Hand dazwischenkommt. Dann löst oft ein Biss in die Hand die vorherrschende Anspannung auf.
Die Katze dann am besten in Ruhe lassen! Sie ignorieren, bis sie sich wieder von selbst annähert. Sollte sie weiterhin aggressiv bleiben, muss eine Therapie mithilfe eines guten Tierpsychologen durchgeführt werden, um das Missverständnis, das zu dieser Entfremdung geführt hat, zu beseitigen.

Schmerzbedingte Aggression

Gerade bei der Fellpflege passiert es häufig, dass der Halter mit einer schmerzbedingten Aggression in Berührung kommt. Entweder tut er der Katze versehentlich weh, weil die Haare verfilzt sind, oder er kommt an eine Wunde, die vorher unter dem Fell versteckt war. Es ist dann oftmals auch einfach ein Reflex, der die Katze mit Beißen oder Kratzen reagieren lässt. Die Hand, die uns Schmerz zufügt, schlagen wir ja auch weg.

Bei der Fellpflege empfiehlt es sich von vornherein, vorsichtig vorzugehen, das richtige Pflegewerkzeug auf die Ansprüche des Fells abzustimmen sowie Knoten und Verfilzungen mit einer abgerundeten Schere herauszuschneiden. Außerdem sollte eine Katze immer schon von klein auf an ein regelmäßiges Pflegeprocedere gewöhnt werden.

Auch wenn der Halter die Katze medizinisch mit Augen-, Ohrentropfen, Tabletten oder Ähnlichem versorgen muss, kann sie sich aggressiv und angreifend zeigen. Ein verletztes Tier reagiert vielleicht plötzlich beim Hochheben entsprechend oder auch bereits, wenn sich ihm nur jemand nähert. Es ist seine Art auszudrücken: „Komm nicht näher. Lass mich in Ruhe. Mir tut etwas weh, und ich habe Angst, dass du mich dort auch noch berühren willst." Kranke Katzen reagieren häufig launisch und ungehalten, auch anderen Tieren gegenüber. Dieses Verhalten hat seine Berechtigung, denn kranke Tiere werden von fremden Katzen oftmals verscheucht, angegriffen oder zumindest auf Abstand gehalten, um das Risiko einer Ansteckung zu vermeiden. Zudem wird die Katze nicht in der Lage sein, sich aufgrund ihrer körperlichen Einschränkungen im Notfall entsprechend verteidigen zu können, sodass sie bemüht ist, niemanden nahe genug an sich heranzulassen.

Ebenso kann ein ungeschickter oder grober Umgang mit der Katze zu Aggressionen führen. Es ist nur normal, dass eine Katze sich wehrt, wenn sie gegen ihren Willen festgehalten, zu fest umklammert oder in anderer, vielleicht sogar schmerzhafter Weise falsch gehalten wird. Auch durch ein Trauma kann die Katze eine bestimmte Art der Berührung mit Schmerzen oder Angst assoziieren.

Ein unerwartet aggressives Verhalten kann natürlich auch medizinische Gründe haben. Abszesse oder Wunden sind oftmals der Grund für eine aggressive Reaktion, weil die Katze Schmerzen empfindet, wenn sie dort berührt wird. Vor allem, wenn der Halter nicht weiß, dass sein Tier körperliche Probleme hat und sich ihr in der ganz normalen Weise annähert, kann er dieses Verhalten auslösen.

Idiopathische Aggression

Eine sehr seltene Art der Aggression ist die sogenannte idiopathische Aggression, also ohne eine erkennbare Ursache. Katzen, die unter dieser echten psychischen Erkrankung leiden, greifen Menschen, Hunde, aber auch Artgenossen ohne Grund auf massive Art und Weise von jetzt auf gleich an. Diese Angriffe sind derart ungehemmt, dass sie schwere Verletzungen hinterlassen können. Ein Auslöser ist dabei absolut nicht erkennbar. Betroffene Katzen sind von einer Minute zur anderen nicht mehr sie selbst und geben keinerlei Vorwarnung.
Woher diese Art der Aggression kommt, ist bis heute weitgehend ungeklärt. Es ist davon auszugehen, dass Fehlfunktionen im Gehirn dazu führen. Es sollte jedoch unbedingt beachtet werden, dass diese Form wirklich äußerst selten auftritt und vor einer solch schwerwiegenden Diagnose unbedingt zuerst alle anderen Gründe genau überprüft werden müssen. Dann kann nur ein spezialisierter neurologischer Tierarzt helfen, um herauszufinden, ob die Katze womöglich einen Tumor hat oder das Gehirn eine andere krankhafte Veränderung aufweist.

Angst

Angst ist die allgemeine Bezeichnung für eine Reihe komplexer emotionaler Zustände, die mit Furcht- oder Schreckgefühlen einhergehen. Furcht ist ein erworbener oder gelernter Trieb sowie eine heftige und meist die Aktivität lähmende Emotion, die von starken körperlichen Veränderungen begleitet wird. In der Folge treten dabei artspezifische Flucht- sowie verwandte Reaktionen auf. Panik ist die emotionale Antwort auf einen Angst auslösenden Reiz und läuft völlig eigenständig und unkontrollierbar ab.
Katzen brauchen ein gesundes Misstrauen, und ihr von Natur aus eher vorsichtiges Vorgehen in allen Situationen sichert ihr Überleben in unserer hoch technisierten Welt. Panische und unbegründete Ängste dagegen sind anomal, belastend und unter Umständen sogar gefährlich.
Alle Katzen müssen während des Aufwachsens lernen, zwischen bedrohlichen und harmlosen Reizen zu unterscheiden. Wird eine Katze mit immer zahlreicheren Umweltreizen konfrontiert, lernt sie langsam, sich auf Herausforderungen einzustellen und Neuartiges zu akzeptieren. Im Laufe der Zeit hat dieser sogenannte Gewöhnungsprozess zur Folge, dass die Katze gut vorbereitet ist, mit fast allem zurechtzukommen. Es gibt jedoch Katzen, die diesen Prozess nicht oder nicht ausreichend beziehungsweise erfolgreich durchgemacht haben. Die Angstschwelle dieser Katzen ist äußerst niedrig, und sie reagieren sofort mit Rückzug oder Flucht. Sie wägen die Situation erst gar nicht ab, sondern handeln nach dem Prinzip, dass jede Herausforderung besser vermieden werden sollte. Auf diese Weise lernen sie nicht, mit neuen Erfahrungen oder den kleinsten Konfrontationen klarzukommen. Es kommt zu einer Überreaktion auf sämtliche harmlosen und alltäglichen Ereignisse. Viele Verhaltensauffälligkeiten der Katze betreffen ein der Situation unangepasstes Angstverhalten. Das Symptom Angst wird bei einer Katze jedoch vielfach übersehen, weil sich andere offensichtlichere Symptome wie Unsauberkeit, Markieren oder Aggression

dazugesellen. Allzu leicht wird einer Katze vom Halter beim Auftreten von Angstsymptomen sogar „Boshaftigkeit“, „Zickigkeit“ oder „Protest“ unterstellt. Das ist natürlich eine grundsätzlich völlig falsche Einschätzung.

Ängstlichkeit tritt bei Katzen unter einschränkenden und einengenden Lebensbedingungen auf. Vor allem dann, wenn sie zuvor in einer abwechslungsreichen Umgebung, wie beispielsweise auf einem Bauernhof oder mit Freilauf in den Garten, aufgewachsen sind und plötzlich in einer reizarmen Umwelt, wie einer Etagenwohnung, leben müssen. Eine Katze, die genau umgekehrt von einem Extrem ins andere kommt, also unvermittelt von einer engen Etagenwohnung in die große weite Welt hinaus gelassen, wird, kann natürlich ebenso ängstlich und überfordert darauf reagieren. Genetische Faktoren spielen darüber hinaus eine bedeutende Rolle bei der Entwicklung dieser Störung. Ängstliches Verhalten wird dann zu einem Problem, wenn es nicht mehr angemessen ist, sondern die Stärke oder Intensität der Reaktion die Katze in ihrer Lebensweise einschränkt.

Angst als länger andauernder Zustand oder in einer übersteigerten Intensität hat ihren eigentlichen Sinn verloren und kann als Dauerzustand nicht nur einen intensiven Leidensdruck, sondern sogar psychosomatische Krankheiten verursachen.

Ausdruck des Verhaltens

Ängstliche Katzen sind gewöhnlich am geduckten Gang, einem hängenden Schwanz sowie langsamen Bewegungen, während sie nach einer passenden Deckung suchen, zu erkennen. Von diesem Zufluchtsort aus starren sie noch immer erregt und mit erweiterten Pupillen hervor. Wenn sie sich irgendwo halbwegs sicher fühlen, bleiben sie am liebsten in diesem Versteck und scheinen jeder Art von Herausforderung ausweichen beziehungsweise sie ganz vermeiden zu wollen.

Einer Katze stehen ganz bestimmte Reaktionsmöglichkeiten bei Angst zur Verfügung. Zuerst einmal Flucht, als Gelegenheit, sich dem Ganzen zu entziehen. Flucht ist bei der Katze als Reaktion auf

Angst die von ihr favorisierte Verteidigungsreaktion. Wohnungskatzen ist die Flucht vor Angst auslösenden Situationen aufgrund ihrer Haltungsform jedoch fast nicht möglich. Sie entwickeln vermehrt Ängste und werden dadurch von ihren Haltern abhängiger. Je ängstlicher eine Katze ist, desto enger ist meistens die Bindung an ihren Menschen, was in diesem Fall jedoch eher eine abnorme Verhaltensabweichung darstellt.

Eine Katze kann sich aber auch in Übersprungshandlungen flüchten. Sie beginnt plötzlich unvermittelt, sich hektisch zu putzen, zu kratzen oder zu gähnen. Sie ist in einem Konflikt, da sie noch nicht weiß, wie sie am besten reagieren soll, mit Angriff oder mit Flucht. Um sich Zeit für die Entscheidung zu verschaffen und um ihr Gegenüber gegebenenfalls damit irritieren zu können, greift sie zu diesem Ablenkungsmanöver.

Eine Katze kann aber auch das Einstellen sämtlicher Aktivitäten als Reaktionsmöglichkeit wählen. Sie erstarrt einfach völlig bewegungslos, häufig in einer eng auf den Boden gedrückten Haltung. Natürlich sind Angriff und Kampf ebenfalls Mittel für eine Katze, mit denen sie auf eine beängstigende Situation reagieren kann. Das hat dann jedoch absolut nichts mit eigener Aggression, sondern lediglich mit aktiver Selbstverteidigung zu tun.

Selbstsichere Katzen greifen an, bevor sie in eine Ecke getrieben werden. Sehr ängstliche Katzen greifen aus der Ecke an, versuchen aber vorher, die Aufmerksamkeit durch Übersprungshandlungen von sich abzulenken, um fliehen zu können.

Es ist meistens bereits genetisch festgelegt, welche Umweltreize und Situationen bei einer Katze Fluchtverhalten auslösen, und wie weit diese angeborenen Mechanismen durch Erlebnisse sowie auch durch Lernakte ergänzt oder gehemmt werden können.

Eine Phobie ist eine zeitlich begrenzte extreme Angstreaktion der Katze, die durch einen bestimmten, identifizierbaren Reiz, wie ein Geräusch, einen Menschen, eine Situation, eine andere Katze oder einen Hund, ausgelöst wird. Phobien entstehen einerseits durch fehlende Erfahrungen in den ersten Lebenswochen der Katze, andererseits durch traumatisierende, schmerzhafte oder ängstigende Erlebnisse.

Kennzeichnend ist, dass die Reaktion in keinem Verhältnis zum auslösenden Reiz steht und von der Katze Situationen, die bei ihr eine Phobie auslösen, nach Möglichkeit gemieden werden. Wenn die Katze dem nicht entkommen kann, führt dies zu intensivem Stress mit den nachfolgenden Reaktionen. Der Kontakt mit einem bestimmten Reiz löst dann eine unmittelbare Angstreaktion aus. Dabei kann es zu panischen Fluchtversuchen oder aber einer explodierenden Angstaggression kommen. Die Reaktion kann aber auch in Bewegungslosigkeit bestehen, beispielsweise auf dem Behandlungstisch beim Tierarzt. Auch klägliches Miauen, Speicheln, schwitzende Pfotenballen, Erbrechen oder sogar emotional bedingter Kot- und Urinabsatz sind möglich.
Es kann ebenso anfallsweise Hyperaktivität oder aber wellenartiges Hautzucken am Rücken auftreten. Auch eine übersteigerte Wachsamkeit oder aber leichte Reizbarkeit ist genauso zu beobachten wie ein destruktives Verhalten, beispielsweise durch übersteigertes Kratzmarkieren. Manche Katzen benutzen Fressen als beruhigende Ersatzhandlung, was wiederum zu Übergewicht führt.
Es gibt also ganz unterschiedliche Verhaltensweisen, die einer Katze zur Verfügung stehen, um auf etwas, was bei ihr Angst auslöst, zu reagieren. Welche sie wählt, ist meist ganz individuell und hängt von ihrem gesamten Naturell ab. Darum können Katzen im gleichen Haushalt, die mit denselben Gegebenheiten konfrontiert werden, völlig unterschiedlich damit umgehen und grundverschieden reagieren. Auch wenn eine Katze ein umfangreicheres Repertoire von Verhaltensweisen bei Angst zur Verfügung hat, reagiert sie meistens nur mit einem Muster.
Eine Katze kann sich aus der Nähe des Reizes entfernen und durch Flucht entziehen. Sie kann aber auch nur vermindert auf die auslösenden Reize reagieren, wobei abwehrende Aggressionen dagegen zunehmen können. Sie kann Übersprungshandlungen wie ein verstärktes Pflegeverhalten zeigen. Das Markierverhalten oder aber die Toilettennutzung kann zunehmen. Die Katze kann aber auch Urin und/oder Kot an unerwünschten Stellen absetzen. Die Kontaktaufnahme mit ihrem Halter kann zu- oder abnehmen bis hin zu übertriebener Anhänglichkeit oder aber eher Meideverhalten. Die Katze

kann auf erhöhte Plätze in der Wohnung flüchten und nicht mehr bereit sein, wieder herunterzukommen. Sie kann sich jedoch auch in und unter Schränken, Betten oder Sofas verkriechen und sich überwiegend dort aufhalten. Als Freigänger hat sie vielleicht plötzlich Angst, das Haus zu verlassen oder über freie Flächen zu laufen. Ihr Spielverhalten kann zu- oder abnehmen. Ihre Bewegungsbereitschaft kann bis hin zu Lethargie zurückgehen. Sie kann auf ganz vielfältige Weise ein auffälliges Verhalten zeigen.

Ursachenforschung

Zu den Ängsten einer Katze gehören beispielsweise Trennungsangst, die Angst vor Geräuschen, vor anderen Tieren oder Artgenossen sowie vor fremden Menschen.
Es gibt sogar Katzen, die mitleiden, wenn ihre Bezugsperson unruhig ist und sich viele Sorgen macht. Die Unruhe und Unsicherheit kann sich dann auf die Katze übertragen. Die daraus resultierenden Reaktionen sind völlig unterschiedlich.
Es heißt, kastrierte Weibchen seien generell ängstlicher, aber ich halte nichts von Pauschalierungen. Auch im Alter treten häufiger Ängste auf. Allerdings spielt ebenso das Alter, wann eine Katze in ein neues Zuhause kommt, eine große Rolle. Auch die Lebensgeschichte einer Katze ist von Bedeutung. Tierheimkatzen, ausgesetzte oder wilde Katzen sind meistens aufgrund ihrer gemachten Erfahrungen ängstlicher.
Auch die Anzahl der Haushaltsmitglieder scheint nicht unbedeutend zu sein. Singles und kinderlose Paare haben häufig ängstlichere Katzen, was aber vielleicht damit erklärt werden könnte, dass das Zusammenleben mit einer Einzelperson meistens reizärmer ist und Paare ohne Kinder ihre Katzen vielleicht überfürsorglich behandeln und die Frau vielfach ganztägig zu Hause ist. Das bedeutet, dass dieselbe Katze in einem anderen Umfeld weniger oder gar nicht ängstlich wäre.
Auch die Anzahl der Kinder und deren Temperament sind relevant. Je mehr eine Katze mit Kindern zu tun hat, umso mutiger wird sie in der Regel im Laufe der Zeit. Allerdings können gerade

Kinder genauso durch rücksichtsloses Verhalten im Umgang mit der Katze erst recht Ängste bei ihr auslösen.
Die Zeit, die einer Katze regelmäßig gewidmet wird, sowie die Zeit, die eine Katze täglich alleine bleiben muss, sind ebenfalls Faktoren. Besonders ausschlaggebend sind natürlich die Reize, Neuerungen oder Eindrücke, mit denen eine Katze regelmäßig konfrontiert wird. Erlebt sie all dies nämlich nicht, wirkt jede kleine Veränderung für sie bedrohlich und kann sie aus der Bahn werfen.
Die Erfahrungen, die eine Katze mit Artgenossen, anderen Haustieren oder Menschen gemacht hat, prägen sie natürlich nicht unwesentlich. Auch die Anzahl der Katzen in der Wohnung spielt eine Rolle, denn je mehr Tiere, umso häufiger treten Angstzustände auf. Die Größe des Lebensraums, der pro Katze zur Verfügung steht, ist dabei entscheidend, denn je mehr Platz einer Katze zur Verfügung steht, umso weniger Angstprobleme wird sie entwickeln, da sie gute Rückzugsmöglichkeiten hat.
Darüber hinaus kann der Verlust eines Artgenossen oder Menschen durch Tod oder Auszug nicht nur Trauer, sondern auch Angst bei einer Katze auslösen. Es ist plötzlich nichts mehr so wie vorher. Vielleicht fällt jetzt sogar der Schutz weg, den die andere Katze immer übernommen hatte, wenn es darum ging, fremde Katzen vom eigenen Grundstück fernzuhalten, sodass sich die zurückgebliebene nun gar nicht mehr hinaustraut oder sich sogar im Haus unsicher fühlt.

Ursachen für Ängste

- Mangelhafte Sozialisation und/oder Gewöhnung
- Genetische Faktoren
- hormonelle Einflüsse
- Territorialprobleme
- Krankheiten
- Umwelteinflüsse
- andere Katzen, andere Tierarten sowie Menschen
- traumatische Ereignisse
- altersbedingte Ängste
- Erziehungsfehler

- Umzug
- Abgabe in eine Tierpension während des Urlaubs
- ungewolltes Verstärken der Angst durch den Halter, beispielsweise durch unbeabsichtigtes Belohnen dieses Verhaltens
- Veränderungen im Umfeld und in der gewohnten Routine

Beispielsweise kann es zu einer Verknüpfung mit einer unangenehmen Erfahrung und einer Übersprungshandlung kommen, die in keinem direkten Zusammenhang steht. Auf diese Weise kann der Angriff einer Nachbarskatze zu übertriebener Fellpflege führen. Außer durch eine angeborene Veranlagung bedingt, kann eine allgemein gesteigerte Ängstlichkeit auch gelegentlich durch Vitaminmangelerscheinungen, Vergiftungen, Hormonstörungen, wie beispielsweise durch eine Schilddrüsenüberfunktion, sowie durch Gehirnerkrankungen bedingt sein. Sie kann dann allein oder als Begleiterscheinung weiterer Krankheitssymptome auftreten. Tollwut, eine Virusinfektion, die durch den Biss daran erkrankter Tiere übertragen wird und nach kurzer Erkrankung zum Tode führt, beginnt beispielsweise ebenfalls mit derartigen Wesensveränderungen. Bei Katzen können auch Darmparasiten oder seltene Epilepsieformen plötzlich Fluchtverhalten, Hautzuckungen und abwehrendes Fauchen auslösen. Katzen mit inneren Schmerzzuständen benehmen sich ebenfalls auffällig ängstlich und sind scheuer als gewöhnlich. Eine tierärztliche Untersuchung sowie die entsprechende Behandlung sind in solchen Fällen unbedingt notwendig.

Auswirkungen

Angst ist ein subjektiver Gemütszustand, der eine Katze sogar ohne äußeren Anlass unbegründet überfallen kann. Furcht lässt sich als ein Angstzustand definieren, der durch einen konkreten, bekannten Anlass ausgelöst wird, wie durch drohende Gefahr oder ein Unglück. Bei Furcht hat die Katze Angst vor einem konkreten Objekt oder einer bestimmten Situation. Eine vorübergehende Beunruhigung, die sich dann wieder entlädt, bedeutet für eine Katze keine andauernde Bedrohung. Nur wenn die Furcht sich steigert und es nicht zur Entlastung kommt, verwandelt sie sich in ständige Angst

und damit möglicherweise in eine Bedrohung für den Seelenfrieden sowie das körperliche Wohlbefinden.
Kann die Katze einer Bedrohung nicht ausweichen oder sie bewältigen, wird aus dem akuten Stress ein chronischer Zustand. Chronischer Stress führt auf Dauer dann zu Gesundheitsstörungen. Eine Katze zeigt bei chronischem Stress eine erhöhte Wachsamkeit und lebt in dauernder Anspannung, was sich in gesteigerter Fluchtbereitschaft ausdrückt oder aber in Aggressivität. Die Reizschwelle für eine Aggression sinkt dann bei jeder wiederkehrenden Stresssituation. Neugier, das Erkundungsverhalten sowie die Körperpflege nehmen ab. Einige Katzen zeigen vermehrtes Markieren mit Urin, um den Stress abzubauen und sich dadurch sicherer zu fühlen. Andere wiederum entwickeln bei Stress und Angst sogar Stereotypien, indem sie sich praktisch ständig lecken, bis sie wund sind. Je länger dieser chronische Zustand andauert, umso mehr verfallen einige Katzen in depressives Verhalten.
Angst ist eine normale und lebenserhaltende Emotion und kann als eine Erwartungshaltung vor Gefahr angesehen werden, die auch bei Katzen häufig in Erscheinung tritt. Wird eine Katze mit einem für sie als bedrohlich empfundenen Reiz konfrontiert, wird ihr gesamter Körper in Alarmbereitschaft versetzt. Der Blutdruck steigt, Puls- und Atemfrequenz erhöhen sich, die Schweißdrüsen produzieren vermehrt Sekret und begleitend kommt es zu einer nahezu maximalen Pupillenerweiterung. Diese Stressreaktionen des Körpers dienen einer kurzfristigen Bereitstellung von Energie zur Bewältigung von Gefahrenmomenten. Die Schmerzempfindung wird verringert, während Aufmerksamkeit sowie Körperanspannung erhöht werden. Der Körper bereitet sich auf diese Weise entweder auf Flucht oder Kampf vor.
Es gibt auch einen körperlichen Aspekt der Angst. Das zeigt sich in der Ausschüttung bestimmter Hormone und dadurch entstehender Veränderungen der Durchblutung, des Blutdrucks und der Herzfrequenz. Dadurch kommt es zu einem zu schnellen oder aber verlangsamten Herzschlag, zu einer beschleunigten Atemfrequenz sowie einer Pupillenerweiterung. Auch das Aufstellen der Haare, Zittern und eine Muskelanspannung sind zu beobachten.

Hinzu können Ruhelosigkeit, Übererregbarkeit, erhöhte Wachsamkeit, übermäßige Schreckhaftigkeit, Reizbarkeit, aber auch Apathie kommen. Manche Katzen zeigen Erbrechen sowie einen unwillkürlichen Urin- oder Kotabgang.

Generalisierte Ängstlichkeit

Bei einem Teil der Katzen wird Ängstlichkeit nicht erst durch bestimmte, situationsbedingte Reize ausgelöst, sondern durch fast alle starken, ungewohnten und plötzlich auftretenden Einflüsse. Hier liegt die Ursache entweder in einer isolierten Aufzucht oder in einer besonderen erblichen Veranlagung, einer sogenannten Wesensschwäche.

Die Ursachen für eine generalisierte Angststörung sind sehr oft genetische Einflüsse sowie eine mangelnde oder fehlende Sozialisation. Katzen, die während der 2. bis 7. Lebenswoche ohne Kontakte zu Menschen heranwachsen, sind im Allgemeinen menschenscheu. Selbst Jungtiere, die kurz nach dieser sensiblen Phase mit Menschen in Berührung kommen, lassen sich oft nur noch teilweise sozialisieren. Dann kommt es zu häufigen oder übertriebenen ängstlichen Verhaltensweisen ohne eindeutig erkennbaren Grund. Selbst die Vorahnung eines Reizes kann schon zu den nachfolgend aufgeführten Symptomen führen. Das Gleiche gilt, wenn die Sozialisierung mit Artgenossen fehlt, weil die Jungkatze vielleicht zu früh von Mutter und Geschwistern getrennt wurde oder gar nicht mit ihnen gemeinsam aufwuchs.

Zu den Symptomen gehören Selbstverteidigung durch Flucht, Vermeiden, Aggression oder Erstarren sowie eine übertriebene Anhänglichkeit gegenüber dem Halter. Manche Katzen miauen andauernd, sind übertrieben wachsam, schauen ständig umher oder schrecken bereits bei geringsten Reizen auf. Auch vermehrte vegetative und psychosomatische Anzeichen wie Speicheln, Schwitzen an den Pfotenballen, Erbrechen oder regelmäßige Blasenentzündungen können beobachtet werden. Es kann zu Ersatzhandlungen, wie übertriebene Fellpflege, ruheloses Umherwandern, aber auch zu einem gesteigerten Markierverhalten in Form von Urin-

und Kratzmarkieren kommen. Auf jeden Fall existiert bei diesen Katzen ein erhöhtes Risiko für Unsauberkeit. Manchmal kommt es auch zu einem veränderten Fressverhalten, wie Fressen nur in der Nacht, nur wenn die Katze alleine ist oder aber nur in Anwesenheit des Halters. Vor allem bei mehreren zusammenlebenden Katzen treten häufiger Angstzustände auf.
Als Haustier gehaltene Katzen müssen lernen, mit Menschen zusammenzuleben und deren Verhaltensweisen als normal und ungefährlich zu empfinden. Katzenzüchter haben dabei eine große Verantwortung, denn die Sozialisierung und Gewöhnung der Katzenwelpen ist besonders wichtig. Nur wenn sie mit ihnen ausreichend lange zusammenlebt, lernt eine Katze von und mit ihren Wurfgeschwistern sowie den Eltern, auf Angst oder Aggression auslösende Reize zu antworten, indem sie lernt, adäquat darauf zu agieren und zu reagieren. Sie erlernt auf diese Weise die feline Körpersprache, kann aber durchaus als Haustier Probleme mit anderen Tieren oder Menschen haben.
Die Häufigkeit der Kontakte, die ein Katzenjunges in der entscheidenden Phase hat, sowie die Anzahl der Umweltreize, auf die es in dieser Zeit trifft, beeinflussen seine Fähigkeit, positiv auf die vielen Situationen im Leben zu reagieren und zu lernen, dass Neuartiges interessant statt bedrohlich sein kann. Auch das Temperament und Verhalten der Mutterkatze spielen eine große Rolle, da nervöse Mütter eine weitere Generation unsicherer und zurückgezogener Individuen erzeugen. Trotzdem können Katzenjunge aus demselben Wurf in derselben Situation recht unterschiedliche Reaktionen zeigen.

Trennungs- oder Verlustangst

Katzen haben draußen in der freien Natur viel Abwechslung, Anregungen und Informationsmöglichkeiten. Im Haus oder in der Wohnung sind sie dagegen auf den Menschen und seine Bereitschaft, sich mit ihnen zu beschäftigen, angewiesen. Wohnungskatzen ohne Freigang benötigen daher Gesellschaft durch den Menschen oder durch Artgenossen sowie ausreichende Beschäftigungsmöglichkeiten. Wenn bei einer Katze die Umstellung von einem ständigen Zusammenleben mit ihrem Menschen oder einem Artgenossen auf ein häufigeres und längeres Alleinbleiben sehr plötzlich kommt, sei es durch veränderte Lebensumstände des Halters oder den Verlust einer anderen Katze, kann sich Angst entwickeln. Katzen sollten daher schon als Welpen lernen, mit dem Alleinsein umzugehen.

In manchen Fällen können Trennungsängste auch traumatische Ursachen haben, beispielsweise einen hohen Geräuschpegel in der Nachbarwohnung, auf der Straße oder aber das laute Herunter- beziehungsweise Umfallen eines Gegenstandes in der eigenen Wohnung. Von Abschied zu Abschied steigert sich nun bei der Katze die Intensität der Trennungsangst.

Katzen, die Angst haben, ihren Menschen zu verlieren, eifersüchtig oder besitzergreifend sind, leiden in der Regel, genetisch oder umweltbedingt, unter mangelndem Selbstbewusstsein. Hier kann ebenfalls eine Bach-Blüten-Therapie sehr hilfreich sein. Um die richtigen Blüten zu finden, muss das Charakterbild der Katze allerdings ganz genau und richtig erkannt werden.

Angst vor fremden oder bestimmten Menschen

Angst vor fremden Menschen resultiert meist aus dem Fehlen einer Bezugsperson, die Vertrauen und Geborgenheit vermittelt, oder in der Prägephase aufgrund einer isolierten Aufzucht oder separater Haltung der Jungtiere und Mutterkatzen. Werden die Katzen schon als Welpen regelmäßig von verschiedenen Menschen gehändelt, beugt das dieser Angst vor. Auch eine Wohnungshaltung bei einer Einzelperson, die nie oder äußerst selten Besuch bekommt, kann eine solche Angst auslösen und fördern. Eine heftige Bestrafung oder dauernd erzwungener Kontakt durch eine bestimmte Person können ebenfalls Auslöser für ein ängstliches oder aggressives Verhalten sein. Die Katze bringt dann diese negative Erfahrung mit allen fremden Menschen in Verbindung.

Katzen, die in völliger Freiheit und ohne jeglichen Kontakt zum Menschen aufwachsen, können sich bis zu einem gewissen Grad, der immer auch eine gewisse persönliche Distanz beinhaltet, später an einen einzelnen menschlichen Betreuer anschließen. Anderen Personen gegenüber, auch Familienmitgliedern, verhalten sie sich aber häufig so wie ein in Freiheit groß gewordenes Wildtier, das es in Gefangenschaft nur bis zur Futterzahmheit gebracht hat. Die Fluchtdistanz sowie die Wehrdistanz und die Angstaggressivität bleiben meist unterschiedlich ausgeprägt weiterhin erhalten. Sicherlich spielen individuelle angeborene Faktoren, die die Stärke und Ausdrucksweise der Scheuheit bestimmen, auch eine Rolle. Diese können allerdings auch fehlen, während sich gleichzeitig stattdessen eine verstärkte Neugier zeigt.

Angst vor anderen Katzen oder Tieren

Eine hohe Toleranz gegenüber Stress garantiert bei einer Katze in den meisten Fällen auch eine gute Sozialverträglichkeit. Eine ängstliche Katze dagegen erkennt, aktiv oder unbewusst, dass ihre körperlichen Fähigkeiten nicht ausreichen, eine Situation beziehungsweise Auseinandersetzung zu ihren Gunsten zu entscheiden oder erfolgreich daraus hervorzugehen.
Infolge mangelnder Kontakte zu anderen Katzen und anderen Tieren während der Jungtierphase kann sich eine Angst diesen gegenüber entwickeln. Diese Angst kann somit ebenfalls durch eine isolierte oder mutterlose Aufzucht verursacht werden. Auch ein jeglich fehlender Kontakt mit anderen Tieren außer Katzen kann diese Angst verursachen. Schlechte Erfahrungen oder sogar ein Trauma können ebenfalls dafür verantwortlich sein.

Angstaggression

In der Regel hat Angst immer eine der drei häufigsten Reaktionen – Flucht, Kampf oder Erstarren – zur Folge. In den meisten Fällen wird, wie bereits erwähnt, die Fluchtoption gewählt, aber wenn der Fluchtweg versperrt ist, kauert die Katze sich entweder nieder und verharrt bewegungslos, oder aber sie stemmt drohend ihre Vorderpfoten in den Boden, faucht und knurrt dabei. Diese

Reaktion wird allgemein Angstaggression genannt und ist bei der Hauskatze eine sehr verbreitete Verhaltensform. Sie kann von anderen Aggressionsformen nicht nur durch die Umstände, in denen sie auftritt, unterschieden werden, sondern auch durch die defensive Körperhaltung der angreifenden Katze. Sie setzt zwar scheinbar Aggression ein, um einen bestimmten, bei ihr Angst auslösenden Reiz abzuwehren, aber nachdem sie den Auslöser damit gewarnt und verunsichert hat, wird sie nach Möglichkeit versuchen, doch noch eine Gelegenheit zur Flucht zu finden und diese zu ergreifen.
Die unterschiedliche Körperhaltung zwischen einer ängstlichen und aggressiven Katze trägt deutliche Merkmale. Während eine ängstliche Katze weite Pupillen hat, sind sie bei einer aggressiven eng zusammengezogen. Beide können einen Buckel zeigen. Während jedoch eine ängstliche Katze sich in Zeitlupentempo zurückzieht und den Blickkontakt meidet, bleibt eine aggressive stehen und fixiert ihr Gegenüber. Der Schwanz einer ängstlichen Katze ist meistens unbeweglich und hängt herab, während der Schwanz einer aggressiven hin und her schlägt oder aber dick und buschig aufrecht gehalten wird. Die Gliedmaßen einer ängstlichen Katze sind angewinkelt, die einer aggressiven sind durchgestreckt. Die ängstliche Katze hat ihre Ohren flach angelegt, während sie nach hinten zeigen. Die Ohren einer aggressiven Katze sind aufgestellt und zeigen nach vorn oder zur Seite.
Katzen werden besonders durch sozialen Stress stark beeinflusst. Dieser versetzt sie in Angst beziehungsweise in eine Angstaggression. Anschließend kann eine Katze oft Stunden oder Tage brauchen, bis sie sich wieder beruhigt hat.

Angst vor Geräuschen

Auslöser für die Angst vor Geräuschen sind häufig anfahrende oder hupende Autos, das Quietschen von Bremsen, Sirenen, Gewitter oder Feuerwerk. Die Geräuschangst kann angeboren oder erworben sein, also plötzlich in Erscheinung treten. Auslöser sind oftmals auch Alltagsgeräusche wie Staubsauger, Türklingel oder

-knallen, Geschirrklappern, Abreißen von Alufolie, das Herunterfallen einer Porzellanvase, eines scheppernden Topfdeckels oder eines Buches.
Bedauernd auf die Katze einzureden, um ihr die Angst zu nehmen und sein Mitleid zu bekunden, stellt sowohl eine Belohnung als auch eine Bestätigung für die auftretenden Ängste der Katze dar. Dadurch wird die Angst nur verfestigt. Aufgrund des Tonfalls empfindet es die Katze einerseits als Lob, andererseits sieht sie es als Beweis dafür an, dass sie allen Grund zur Angst hat. Ihr Mensch verhält sich schließlich ebenfalls entsprechend auffällig, anstatt sowohl das Geräusch als auch ihre Reaktion darauf als etwas Normales, Alltägliches zu betrachten und einfach zu ignorieren. Er wirkt dadurch keineswegs souverän und der Katze Schutz spendend, sondern selbst hochgradig verunsichert, als habe er ebenfalls Angst.

Angst vor und beim Autofahren

Ursachen für diese Form der Angst können mangelnde Früherfahrungen oder die Verknüpfung mit einem traumatischen Erlebnis bei einer Autofahrt oder danach sein. Bereits die Trennung von Mutter sowie Geschwistern und die anschließende Autofahrt in ein fremdes Zuhause oder ein Tierarztbesuch mit einer schmerzhaften Erfahrung können diese Angst auslösen.
In meinem Buch *Coaching für Katzenhalter* wird genau beschrieben, wie eine Katze schrittweise an das Autofahren gewöhnt werden kann.

Gegenmaßnahmen

Seelisch erschütternde Vorgänge können bei Katzen zu schockähnlichen Zuständen führen, auf die sie für längere Zeit mit einem veränderten Verhalten reagieren können. Bei allgemein als abnorm ängstlich und schreckhaft zu bezeichnenden Katzen gibt es drei verschiedene Verhaltenstypen: Typen, die die Fluchtreaktion bevorzugen, solche, die eher das Meideverhalten ausüben und sich verkriechen, und Typen, die beide Reaktionen zeigen.

Bei einem Teil der Katzen werden die beiden erstgenannten Reaktionsweisen nur durch stets gleichbleibende, bestimmte Reize und Umstände ausgelöst. Katzen, die so reagieren, sind zunächst keine allgemein besonders ängstlichen Charaktere. In manchen Fällen zeigt sich jedoch die Tendenz dazu, dieses Verhalten auch auf andere Auslöser auszuweiten. Rennt eine Katze beispielsweise anfangs nur weg, wenn ein bestimmter Besucher kommt, so werden irgendwann alle Besucher gemieden und schließlich flüchtet sie schon, wenn es nur klingelt, egal ob jemand hereinkommt oder nicht. Bei der anschließenden therapeutischen Umkonditionierung handelt es sich praktisch um eine Art Verlernen der fälschlicherweise aufgetretenen und unangemessenen Angstreaktionen.

In für die Katze Angst auslösenden Situationen nicht versuchen, sie zu trösten, da ihr dies nur die Bestätigung gibt, dass etwas nicht stimmt. Stattdessen ihr entsprechendes Verhalten ignorieren und sich völlig normal benehmen, als ob alles in bester Ordnung sei. Das zeigt der Katze, dass es gar keinen Grund und keinerlei Gefahr gibt, sich zu ängstigen. Außerdem wirkt das ruhige und gelassene Verhalten des Menschen ermutigend, überträgt sich und stärkt die Katze.

Wenn Katzen etwas Schlimmes oder zumindest für sie sehr Unangenehmes erlebt haben, kann ein regelrechtes Trauma entstehen. Das bedeutet, dass in ähnlichen Situationen oder sogar ganz unwillkürlich die kleinste Kleinigkeit reicht, um die Erinnerung daran augenblicklich zurückkehren zu lassen. Ich beschreibe es gerne so, dass dann ein alter Film vor dem geistigen Auge der Katze abläuft, der absolut nichts mit der Gegenwart zu tun hat. Die Katze zeigt jedoch eine entsprechende Überreaktion, die der aktuellen Situation überhaupt nicht angemessen ist. Es ist wichtig, Verständnis dafür aufzubringen, aber auch, die Katze dabei zu unterstützen, souveräner mit der Gegenwart umzugehen und das Trauma loslassen zu können. Die richtigen Bach-Blüten können dazu viel beitragen. Einer Katze, die ständig Angst hat, entsprechend angespannt ist und Stress empfindet, fehlt jegliche Lebensqualität. Für sie sind die belastenden Umstände unerträglich, eine Zumutung und bedeuten eine extreme Einschränkung. Vor allem Katzen, die sich dann an einen begrenzten Zufluchtsort zurückziehen und sich nicht mehr trauen, sich frei zu bewegen und ihren Bedürfnissen nachzugehen, vegetieren regelrecht nur noch vor sich hin. Ich habe schon von Katzen gehört, die nur hinter dem Sofa, auf dem Schrank, unter dem Bett, im dunklen Keller oder in der Katzentoilette lebten. Das darf keinesfalls länger andauern und womöglich zu einem Dauerzustand werden. Ich bin immer wieder erstaunt, wie spät manche Halter um Hilfe bitten und es einfach hinnehmen, dass sich ihre Katze kaum noch von der Stelle rührt. Wie immer wieder erwähnt, hat jede Katze das lebensnotwendige Bedürfnis, ihren aufgestauten Jagd- und damit Bewegungstrieb auszuleben und ihr Revier zu kontrollieren. Sie muss ihre Toilette jederzeit aufsuchen können, wenn ihr danach ist. Das Gleiche gilt für eine selbstständige, regelmäßige und zuverlässige Aufnahme von Futter und Wasser.

Eine scheue Katze, beispielsweise aus dem Tierheim, sollten Sie natürlich nicht bedrängen und zu nichts zwingen, aber sie sollte auch nicht einfach sich selbst überlassen bleiben. Viele Halter hoffen, dass die Katze mit der Zeit schon von alleine „auftaut“. Dies ist jedoch nicht immer der Fall. Dann muss sie wohldosiert und unter professioneller Anleitung an die neuen Lebensumstände herangeführt und damit langsam konfrontiert werden. Nur wenn sie sich mit entsprechenden Situationen auseinandersetzen kann, kann sie lernen, damit besser und positiver umzugehen. Es darf dabei jedoch niemals zu einer Überforderung kommen.

Eine Therapie kann aus einer generell scheuen Maus keinen mutigen Löwen und aus Feinden in der Regel keine Freunde machen. Sie kann aber bewirken, dass die Katze ausgeglichener wird und souveräner auf bestimmte Reize oder Situationen reagiert. Das kann auch bedeuten, dass sie sich nicht mehr so schnell von einer anderen Katze einschüchtern lässt. Wichtig ist, realistische Zielsetzungen zu haben und mit einem goldenen Mittelweg zufrieden zu sein.

Eifersucht und Ablehnung

Die meisten Katzen sind regelrecht besitzergreifend und erwarten regelmäßige Aufmerksamkeit und Zuwendung. Besonders belastet es sie, wenn eine Vernachlässigung offensichtlich der Anwesenheit eines anderen Individuums zuzuschreiben ist. Das kann ein neuer Lebenspartner, ein Baby, ein Artgenosse oder ein neues Haustier sein. Um die harmonische Beziehung zu der Katze aufrechtzuerhalten, sollten bereits die ersten Anzeichen aufkeimender Eifersucht sofort erkannt werden. Dann gilt es, schnellstens etwas dagegen zu tun, um die Situation zu entschärfen, damit sich die entsprechende Reaktion der Katze nicht noch verstärkt.
Halter, die ihre Katze genau beobachten, erkennen deren Stimmungsschwankungen relativ früh und können dadurch rechtzeitig entgegenwirken. Eifersucht verändert nämlich das normale Verhalten einer Katze. Je nach Temperament und Charakter wird sie zwar ganz individuell reagieren, aber in jedem Fall sind Abweichungen zum alltäglichen Verhalten eindeutig erkennbar und sollten als Warnsignal gewertet werden.

Anzeichen für Eifersucht

Introvertierte Katzen ziehen sich manchmal ganz einfach zurück, sobald ein vermeintlicher Konkurrent in ihr Leben tritt. Sie distanzieren sich von ihrer Bezugsperson und kauern gereizt oder aber deprimiert in irgendeiner abgelegenen Ecke der Wohnung. Sie haben keine Lust mehr, mit ihrem Menschen zu spielen oder zu schmusen. Futterverweigerung und ein damit einhergehender Gewichtsverlust können weitere Reaktionen auf die neue Situation sein. Manchmal gesellt sich auch Unsauberkeit hinzu.
Der Umgang mit einer solch sensiblen Katze ist nicht einfach und erfordert eine gehörige Portion Einfühlungsvermögen. Introvertierte Katzen reagieren höchst empfindlich auf jede Veränderung in ihrem Leben. Da sie sich niemals von selbst in den Vordergrund

drängen, um die Aufmerksamkeit auf sich zu ziehen, laufen sie generell Gefahr, zu kurz zu kommen. Wer bemerkt, dass sich seine Katze zurückzieht, sollte sich ganz gezielt um sie bemühen. Mit viel Zuwendung, liebevollem Zureden und interessanten Spielen lässt sie sich dann meistens wieder aus der Reserve locken. Sie braucht besonders viel Liebe und Aufmerksamkeit, um ihr Selbstwertgefühl zu stärken.

Extrovertierte Katzen dagegen setzen sich demonstrativ für ihre Interessen ein. Sie werden eventuell sogar versuchen, den Störenfried, der in ihr Leben eingedrungen ist, zu vertreiben. So kommt es relativ häufig vor, dass sich die alteingesessene Katze mit lautem Grollen auf ein neues Tier im Haushalt stürzt und ihm einige Kratzer und Bisse versetzt. Sie will damit demonstrieren, dass niemand Fremdes etwas in ihrem Revier zu suchen hat.

Gegenüber Menschen äußern sich die Aggressionen meistens moderater oder fallen überhaupt nicht auf. Zwar können auch Menschen Opfer kätzischen Aggressionsverhaltens werden, allerdings geschieht dies in der Regel nur dann, wenn sie auf die verstimmte Katze zugehen und versuchen, sie gegen ihren Willen, unter Missachtung sämtlicher Warnzeichen, zu berühren.

Eifersucht gegenüber Menschen äußert sich meistens wesentlich subtiler und indirekter. Plötzlich wird Urin oder Kot an bestimmten Stellen in der Wohnung hinterlassen oder die Tapete sowie das Sofa haben tiefe Kratzer. Manche Katzen reagieren aus Unsicherheit mit dem Markieren mit Urin, weil sie die neue Person als Störfaktor in ihrer vertrauten Umgebung betrachten. Sie haben dann ganz einfach das Bedürfnis, sich mit ihrem eigenen bekannten und vertrauten Geruch zu umgeben sowie den Geruch des Eindringlings damit zu übertünchen. Das ist dann auch der Grund für plötzliches Kratzen an Möbeln. Die Katze will sich in ihrem Revier einfach wieder sicher fühlen.

Symptome für Eifersucht können Unsauberkeit, Rückzug, aber auch Aufmerksamkeit heischendes Verhalten sein. Oftmals ist ein verändertes Fressverhalten mit entsprechendem Gewichtsverlust oder -zunahme zu beobachten. Die Katze wirkt meistens unmotiviert und lustlos. Es kann jedoch auch zu aggressivem Verhalten oder Zerstörungswut kommen. Alle diese Symptome können jedoch auch Anzeichen einer ernsthaften Erkrankung sein. Darum sind auffällige Verhaltensänderungen häufig ein Grund, den Tierarzt aufzusuchen. Lässt sich keine körperliche Erkrankung feststellen, liegt relativ sicher eine psychische Ursache zugrunde.

Ursachenforschung

Es gibt viele Auslöser, die bei Katzen zu Eifersucht führen können. Die häufigste Ursache ist sicherlich die Anschaffung eines neuen Haustieres, da plötzlich ein Eindringling ins Revier kommt und bleibt. Die Situation verschärft sich, wenn das neue Tier von nun an tatsächlich im Mittelpunkt des Interesses steht. Aber auch durch einen neuen Lebenspartner, der einzieht, oder die Ankunft eines Babys ändert sich für die Katze ihre ursprüngliche Lebenssituation von Grund auf. Meist dreht sich dann alles um die neue Person, und die soziale Einbindung der Katze wird vernachlässigt, sodass diese sich ausgestoßen und zurückgesetzt fühlt. Das gilt verstärkt beim Entzug gewohnter Rechte, wie beispielsweise dem Schlafen im Bett. Wenn ihr dann plötzlich dieser besondere Platz streitig gemacht oder sogar auf einmal untersagt wird, muss dies doch Irritation und Verunsicherung oder sogar Verärgerung auslösen.
Im Prinzip können sogar ein Fernseher, Computer oder Bücher Katzen in gewisser Weise eifersüchtig machen. Die meisten Katzen reagieren dann sehr ausdauernd, indem sie das entsprechende Gerät regelrecht belagern, während der Mensch sich damit beschäftigt. Sie springen auf den Fernseher, weil dieses unerwünschte Verhalten sofort Aufmerksamkeit bringt, oder legen sich vor den Bildschirm oder auf die Tastatur des Computers, weil dies ein Weiterarbeiten unmöglich macht. Sie springen auf den Schoß und platzieren sich auf der Zeitung oder dem Buch, um ihren Menschen von dieser überflüssigen Tätigkeit abzulenken. Schließlich gibt es Wichtigeres: die Katze. Streicheleinheiten, Spielrunden und Leckerbissen helfen dann allerdings in der Regel, das Gleichgewicht für die Katze wiederherzustellen. Natürlich muss darauf geachtet werden, dass sich ein solches Verhalten nicht automatisiert und der

Mensch gar nicht mehr dazu kommt, eigenen Interessen nachzugehen. Verhält die Katze sich lediglich ab und zu so, wenn sie sich vernachlässigt fühlt, finde ich diese Vorgehensweise absolut legitim.
Futterplätze, Schlafstellen und Spielzeug bieten ebenfalls manchmal Anlass zu Eifersüchteleien zwischen Katzen. Deshalb sollte in Haushalten mit mehreren Katzen darauf geachtet werden, dass jede ihren eigenen Futternapf hat und genügend zu fressen bekommt. Ansonsten entsteht ganz schnell Futterneid. Dies gilt ebenfalls für die Aufteilung von Leckerchen. Ausreichend Spielzeug und genügend attraktive Schlaf- und Aussichtsplätze beugen unnötiger Eifersucht ebenfalls weitgehend vor. Ansonsten können Rivalitäten und Konkurrenz untereinander entstehen. Es kann auch sein, dass immer nur ein dominantes Tier diese Privilegien für sich in Anspruch nimmt und ein unterlegeneres diese Ressourcen gar nicht mehr nutzen kann. So etwas führt natürlich zu mangelnder Lebensqualität und permanentem Stress. Das kann dann wiederum zu entsprechenden Verhaltensauffälligkeiten führen.
Sobald sich erste Anzeichen einer entstehenden Eifersucht erkennen lassen, sollte gezielt dagegen vorgegangen werden. Zuerst muss die Ursache für das veränderte Verhalten der Katze gefunden sowie das eigene Verhalten gründlich überdacht werden. Hat man sich in der letzten Zeit zu wenig um die Katze gekümmert? Hat man sich ausschließlich dem Berufsleben gewidmet? Waren einem andere Dinge wichtiger? Ist ein „Konkurrent“ aufgetaucht und hat der Katze ihren Platz streitig gemacht? Ist dies der Fall, braucht die Katze schnellstens wieder Liebe, Zuneigung, Streicheleinheiten und Spielrunden, bei denen sich keines der Tiere vernachlässigt fühlen sollte. Bei der Erledigung wichtiger Dinge bleibt zwischendurch oder nachher sicherlich etwas Zeit, die der Katze gewidmet werden kann.

Auswirkungen

Da es relativ schwierig ist, das Vertrauen und die Ausgeglichenheit einer eifersüchtigen Katze wiederherzustellen, sollte ein Auf-

kommen von Eifersucht möglichst von vornherein vermieden werden. Ist es erst einmal zu Unstimmigkeiten oder sogar Aggressionen zwischen den Beteiligten gekommen, dauert es unter Umständen recht lange, bis wieder Frieden einkehrt.
Die Palette der Reaktionen ist vielschichtig. Katzen mit Freigang kommen vielleicht nicht mehr gerne nach Hause und wandern irgendwann sogar ganz ab. Wohnungskatzen können der Situation nicht ausweichen und werden unsauber oder aggressiv. Andere ziehen sich zurück, leiden still, verkriechen sich und zeigen Verhaltensauffälligkeiten wie übertriebenes Lecken. Seelenqualen, die nicht oder sehr spät bemerkt werden, können bei Katzen zudem körperliche Krankheiten verursachen.
In den genannten Fällen ist die schrittweise Gewöhnung unter Anleitung eines erfahrenen Tiertherapeuten sehr hilfreich und manchmal sogar unerlässlich, damit sich die Fronten nicht verhärten. Je öfter eine Katze eine negative Erfahrung macht, umso mehr verstärkt sich ihre Ablehnung gegen den Verursacher beziehungsweise die Situation.

Mangelnde Sozialisierung

Es gibt Katzen, die für Eifersucht regelrecht prädestiniert zu sein scheinen. Besonders anfällig sind Katzen, die in der sensiblen Phase der ersten acht Wochen zu wenig Kontakt mit Menschen hatten. Meist wurden sie zu früh von ihrer Mutter getrennt und kamen dann in ein sehr fürsorgliches Heim ohne Freilauf. Diese Katzen neigen dann dazu, eine extrem innige Bindung zu ihrem Menschen aufzubauen, den Kontakt zu anderen Menschen zu scheuen und seelisch instabil zu sein. Zudem gibt es bei den Orientalen auffällig viele sehr besitzergreifende Katzenpersönlichkeiten.
Kommt dann eine Zweitkatze hinzu, kann der mangelnde Kontakt mit Artgenossen in der Prägephase ebenfalls dazu führen, dass es aufgrund der mangelnden Sozialisation zu Schwierigkeiten untereinander kommt. Manchmal hatte ein Kitten gar nicht die Gelegenheit beziehungsweise ausreichend Zeit, um die Katzensprache zu erlernen. Es verhält sich dann entsprechend asozial und eckt

damit bei der hinzukommenden Katze an. Missverständnisse und Verständigungsschwierigkeiten sind dann natürlich vorprogrammiert. Auch hier sollte unbedingt ein guter Tierpsychologe um Unterstützung gebeten werden.

Ablehnung

Katzen pflegen in der Regel mehr Probleme mit Männern als mit Frauen zu haben. Ein Grund dafür könnte der tiefere, lautere Klang der Männerstimme sein oder die Art von Duftwasser, die viele Männer verwenden. Moschusartige Produkte enthalten zudem chemische Substanzen, die männlichen Pheromonen ähneln, was für Kater eine Herausforderung darstellen könnte. Es gibt aber auch Katzen, die die Ausdünstungen eines männlichen Körpers und den Schweißgeruch nicht mögen. Auf andere wiederum wirken die ausholenderen Bewegungen und schweren Schritte eines Mannes Angst einflößend. Manche Katzen haben auch eine Aversion gegen Männer, weil sie schlechte Erfahrungen mit ihnen gemacht haben. Das kann auch ein Erlebnis mit dem Tierarzt gewesen sein, der sie einem Zwang durch Festhalten sowie Schmerzen durch eine Spritze oder dem Behandeln einer Wunde aussetzte. Das Ergebnis kann eine lebenslange Männer ablehnende Haltung sein. Katzen vergessen eine zugefügte Misshandlung nicht einfach.

Kein Katzenkind wird als Menschenfeind geboren. Es sind die Erfahrungen, die in der Prägephase gemacht wurden, sowie das Verhältnis, das die Mutterkatze Menschen gegenüber hatte, die das lebenslange Verhalten der Katze bestimmen, sowohl im positiven als auch im negativen Sinne. Das ablehnende Verhalten gegenüber Männern kann sich aber je nach Veranlagung und Charakter der Katze sowie der betreffenden Person im Laufe der Zeit mehr oder weniger abschwächen, generell verschwinden tut es manchmal nicht. Mit der richtigen Therapie sind aber meistens Erfolge zu verzeichnen.

Auch eine Katze, die sich immer gut mit Männern verstanden hat, kann unversehens eine abweisende Haltung einnehmen, nachdem sie eine negative Erfahrung gemacht hat, die durch einen Mann ausgelöst wurde. Gerade bei Freigängern ist die genaue Ursache schwierig aufzuspüren, da nicht ermittelt werden kann, was ihnen während ihrer Streifzüge zugestoßen ist. Manche Katzen scheuen dann von heute auf morgen vor gewissen Gegenständen oder Bewegungen. Sie zeigen beispielsweise Angst, wenn jemand etwas vom Boden aufhebt oder vor einem Wasserschlauch. Sie wurden unterwegs vielleicht mit Steinen beworfen oder nassgespritzt.

Auch wenn Katzen in ihrer Prägephase keinen Kontakt zu einem Mann hatten und bisher bei einer Frau lebten, können sich massive Eifersuchtsreaktionen entwickeln, wenn plötzlich ein Mann in diese Gemeinschaft einbricht. Es empfiehlt sich, die Katze im Vorfeld durch regelmäßige männliche Besucher aus dem Bekannten- oder Verwandtenkreis an das andere Geschlecht zu gewöhnen.

Lehnt die Katze nur einen bestimmten Mann ohne nachvollziehbaren Anlass ab, ist es möglich, dass er einen für die Katze unangenehmen Geruch hat. Es kann aber auch sein, dass sie seine heimliche Abneigung ihr gegenüber spürt, weil eigentlich der Mann eifersüchtig auf die Katze ist, da er die Zuneigung der Frau nicht teilen möchte. Tiere haben ein ganz besonderes Gespür und feine Antennen für solche unterschwelligen Feindseligkeiten. Ich habe mehr als einmal zu hören bekommen, dass eine Katze ihrem Frauchen schon lange, bevor diese sich dann endlich trennte, deutlich machte, dass dies nicht der Richtige für sie ist.

Umgekehrt kann eine Katze, die bisher immer mit einem Mann zusammengelebt hat, die Geräusche und Bewegungen einer plötzlich hinzukommenden Frau als alarmierend empfinden. Sie ist die hohe Stimme, die klackernden Absätze auf dem Boden, die vielleicht aufdringlichen Annäherungen gar nicht gewohnt. All das ist ihr unheimlich, da sie es nicht kennt. Wenn die Dame sie dann auch noch ständig bedrängt, streicheln und auf den Arm nehmen will, ist es vorbei. Aus Unsicherheit wird Ablehnung, die sich in ständiger Angst oder aber Aggressivität äußern kann. Entweder verkriecht sich die Katze, sobald diese Person erscheint, oder aber sie wehrt sich gegen die unerwünschte Behandlung mit Kratzen oder Beißen. Es hängt wieder ganz vom Naturell der jeweiligen Katze ab, wie sie auf diese Missstände reagiert.

Depression und Trauer

Das für das Gefühlsleben zuständige Areal des Gehirns der Katze gleicht dem des Menschen. Katzen können daher ebenso Liebe, Freude, Ablehnung, Kummer und Trauer empfinden. Auch Depressionen gehören dazu, wobei es die leichtere, mittelschwere oder schwere Form einer Depression gibt. Wenn vermutet wird, dass eine Katze deprimiert ist, sollte der erste Schritt der Gang zum Tierarzt sein. Es könnte nämlich auch ein medizinischer Grund für die Verhaltensänderung vorliegen. Die Katze daher zuerst vom Tierarzt untersuchen lassen, um etwaige medizinische Leiden auszuschließen. Dabei kann auch festgestellt werden, ob sich bereits ein sekundäres gesundheitliches Problem entwickelt hat, das auf Depressionen zurückgeführt werden kann. Sollten jedoch keine körperlichen Ursachen gefunden werden, rate ich davon ab, die Katze mit Psychopharmaka zu behandeln, was manche Tierärzte in solchen Fällen gerne tun. Das beseitigt ja nicht den Auslöser, sondern dröhnt ein Tier einfach nur zu, das noch viel empfindlicher und sensibler auf solche starken Beruhigungsmittel reagiert als der Mensch.

Anzeichen für eine Depression

Bei Appetitlosigkeit bis hin zur Futterverweigerung sowie einem entsprechenden Gewichtsverlust sollten die Alarmglocken schrillen. Natürlich kann es auch hierfür wieder körperliche Ursachen geben, was unbedingt abgeklärt werden muss. Der Aktivitätspegel sowie die Spielgewohnheiten nehmen ab, die Katze bewegt sich kaum noch und kommt Spielaufforderungen gar nicht mehr nach. Sie interessiert sich für nichts mehr in ihrer Umgebung, zieht sich völlig zurück und verfällt in Lethargie, die sich bis zu Apathie steigern kann. Dies äußert sich zudem in übermäßigem Schlafen oder aber Schlaflosigkeit. Dies ist vor allem zu beobachten, wenn eine Katze sich in einer für sie fremden Umgebung aufhalten muss.

Es kommt zu mangelnder Körperpflege sowie zu regelrechten Persönlichkeits- und allgemeinen Verhaltensveränderungen. Ich bekomme dann manchmal zu hören: „Das ist nicht mehr meine Katze. So kenne ich sie gar nicht.“ Unsauberkeit sowie eine extreme Ängstlichkeit und Schreckhaftigkeit können ebenfalls auftreten. Es kommt manchmal sogar zu psychosomatisch bedingtem Erbrechen, Durchfall oder aber Verstopfung. In manchen Fällen tritt sogar eine Verminderung der Herzfrequenz und/oder ein starkes Absinken der Körpertemperatur ein.
Je nach Temperament der Katze kann es aber auch stattdessen zu völlig gegenteiligen Reaktionen kommen. Die Katze befindet sich dann in einem Zustand der Unruhe, Übererregtheit, Hyperaktivität oder aber sogar erheblicher Aggressivität bis hin zur Zerstörungswut. Es handelt sich hierbei um psychische Entlastungsreaktionen, die automatisch auftreten.

Ursachenforschung

Die Ursachen für eine Depression bei einer Katze können Krisen in der Familie, eine Scheidung oder auch der Auszug eines erwachsen gewordenen Kindes, der Tod eines Familienmitgliedes oder eines anderen Haustieres sein. Es ist sogar möglich, dass sich der Gemütszustand der Bezugsperson auf die Katze überträgt. In einer Krisensituation sind die Familienmitglieder sehr mit ihren eigenen Gefühlen beschäftigt, sodass der psychische Zustand der Katze eher unbemerkt bleibt und sie häufig sogar in dieser Zeit vernachlässigt wird. Natürlich ist sie ohnehin schon verwirrt und verunsichert, weil sie nicht versteht, warum ein Lebewesen plötzlich einfach verschwunden ist. Dann nimmt sie auch noch wahr, wie verändert sich die verbliebenen Familienmitglieder verhalten. Sie sucht vielleicht Trost, wird aber ignoriert und niemand nimmt Notiz von ihr. Die normale Routine wird unterbrochen, und oft bekommt die Katze ihre Mahlzeiten nur noch unregelmäßig, ihre Fellpflege wird vernachlässigt und das gemeinsame Spielen fällt ganz aus. Die Katze beginnt sich zurückzuziehen, und die Depression nimmt ihren Anfang.

Katzen können regelrecht trauern, und während der Mensch durch andere Menschen und Telefonate getröstet wird, sind sie auf den Trost ihrer Bezugsperson angewiesen. Es ist darum wichtig, den bisherigen Zeitplan so weit wie möglich einzuhalten und der Katze die gerade jetzt besonders benötigte gute Ernährung, regelmäßige Fellpflege, Stress abbauende Spieltherapie sowie ein hohes Maß an tröstender Zuneigung zu gewähren.
Die Katzencharaktere sind sehr unterschiedlich und jede reagiert anders auf die gleichen Umstände. Bei einer sensiblen Katze kann schon eine geringe Veränderung im Umfeld zu einer Depression führen. Depressionen, die durch eine schwere Krise ausgelöst wurden, sind leicht zu diagnostizieren. Es sind gerade die geringen, unauffälligen Ursachen, die dagegen manchmal viel schwieriger herauszufinden sind. Für den Menschen ist es oftmals gar nicht offensichtlich, warum die Katze sich so sehr grämt. Da ist es hilfreich, wenn ein Tierpsychologe als Außenstehender ganz neutral die entsprechenden Lebensumstände des Tieres durchleuchtet.
Auch der Verlust lieb gewordener Gewohnheiten kann bei Katzen Trauer auslösen. Hierbei handelt es sich um eine Depression, die auf bestimmte Reize reagiert und deren Dauer und Ausprägung von der Empfänglichkeit einer Katze, also gewissermaßen auch von ihrer Persönlichkeit abhängen. Eine berufliche Veränderung kann eine häufige und lange Abwesenheit, generellen Zeitmangel, Abgelenktheit, Hektik, gestresste Unruhe sowie Desinteresse seitens des Halters mit sich bringen, sodass die Katze in vielerlei Hinsicht darunter zu leiden hat. Dann kommt einfach alles zusammen. Das zu lange und häufige Alleinsein, ein ungewohnter und unregelmäßiger Tagesablauf, Vernachlässigung, Missachtung, unabsichtliche Ablehnung sowie eine gereizte Stimmung.
Auch wenn eine Katze eine gewisse Zeit in einer Tierpension verbringen muss, kann sie dadurch in Depressionen verfallen. Nicht nur, dass sie von ihrer Familie getrennt und aus ihrem vertrauten Umfeld gerissen wird, sie wird in eine unbekannte Umgebung gebracht, in der sie ausschließlich von fremden Katzen und Menschen umgeben ist. Zudem weiß sie nicht, ob sie jemals wieder nach Hause zu ihren Menschen darf. Eine echte Belastung.

Auswirkungen

Depressionen können zudem psychosomatische Störungen verursachen, die wiederum eine Kettenreaktion in Gang setzen. Dies kann zu mangelndem Appetit, Lethargie bis hin zu Apathie sowie einem Nachlassen der Körperpflege führen. Es kann zu einer Kreislaufschwäche und zu Muskulaturabbau kommen, weil die Katze sich nicht mehr genügend bewegt. Das Immunsystem wird geschwächt, wodurch die Katze wiederum empfänglicher für Erkrankungen wird. Wird eine Depression nicht rechtzeitig erkannt, kann sie in ein medizinisches Leiden übergehen. Dann stellt vielleicht ein bereits vorgeschädigtes Organ, das nicht mehr optimal funktioniert, wie Herz oder Nieren, zuerst seine Arbeit ein. Psychische Belastungen beeinflussen das organische Geschehen also in einem erheblichen Maße.
Es geschieht sogar, dass Katzen, die ein gutes Zuhause verloren haben, sich aufgeben und ohne erkennbare äußere Ursache sowie ohne jegliche Anzeichen von Krankheit einfach sterben.

Die richtige Lösung finden

Wenn es bei einer Mehrkatzenhaltung zu einer Scheidung der Ehepartner kommt, sollte immer versucht werden, die Katzen zusammen zu lassen, wenn sie eng miteinander verbunden sind. Das Geborgenheitsgefühl der Katze sollte im Vordergrund stehen. Das kann wiederum auch bedeuten, dass sie bei der Person weiterleben darf, zu der sie den größten Bezug hat und an der sie am meisten hängt.
Die Örtlichkeiten spielen natürlich auch eine Rolle, die jedoch, im Gegensatz zu den beiden zuvor genannten Kriterien, eher untergeordnet ist. Ich würde daher niemals pauschal dazu raten, dass die Ehefrau aus Liebe auf ihre Katze(n) verzichten sollte, weil der Ehemann schließlich in dem geräumigen Haus wohnen bleibt, während sie in eine Etagenwohnung zieht. Haben die Katzen gar keine besondere Beziehung zu dem Mann und ist dieser ganztägig berufstätig und kümmert sich auch abends aus Desinteresse nicht

um die Samtpfoten, nutzt das ganze Haus nichts. Die Katzen würden sich stattdessen eher danach sehnen, nachts wieder bei Frauchen im Bett schlafen zu dürfen, mit ihr zu kuscheln und zu spielen, wie sie es immer getan haben.

Wichtig ist aber natürlich, die Situation möglichst objektiv zu beurteilen, was natürlich besonders schwer fällt, wenn man selbst sehr emotional in die Angelegenheit verstrickt ist. Darum ist die neutrale Einschätzung eines Außenstehenden hier sehr hilfreich. Natürlich kann manchmal ein Verzicht aus Liebe zum Wohle der Katze(n) die richtige Lösung sein. Es sollte aber wirklich aus Katzensicht die richtige Entscheidung sein, sodass immer sämtliche Fakten abzuwägen sind. Das gilt auch für das Auseinanderreißen von zwei oder mehreren Katzen. Die Tiere sollten nicht einfach „gerecht" unter den Menschen aufgeteilt werden, wenn sie sehr aneinander hängen. Es gibt wie immer keine Patentlösung, sondern auch hier gilt, dass jeder Fall einzigartig ist und darum individuell bewertet und gelöst werden muss.

Es sind nur wenige, absolut unabhängige Katzen, die ausgiebigen Freigang in Anspruch nehmen und keine besonderen sozialen Bindungen zu einem Menschen oder aber ihren Artgenossen im gemeinsamen Zuhause haben, denen ihr Territorium wichtiger ist als alles andere. Nur in einem solchen Fall ist anzuraten, die Katze in ihrer vertrauten Umgebung zu belassen. In meinen Augen ist es ein überholtes Ammenmärchen, generell zu behaupten, Katzen wären mehr mit ihrem Revier als mit ihren Menschen oder Mitkatzen im gleichen Haushalt verbunden. Dieser Irrtum hat schon viele Samtpfoten sehr unglücklich gemacht. Das Revier, das Umfeld und die Lebensumstände sind nämlich einfach nicht mehr die Gleichen, wenn andere feststehende und lieb gewonnene Komponenten plötzlich komplett fehlen.

Hyperaktivität und Nervosität

Hyperaktivität lässt sich vor allem bei orientalischen Katzen und anderen dem Schlanktyp angehörenden Rassen beobachten. Sie vokalisieren in der Regel auch häufiger und lauter als andere Katzenrassen. Wenn eine Katze keine fünf Minuten lang still sitzen kann und ununterbrochen aktiv ist, ist sie vermutlich überreizt oder unterfordert. Beides bedeutet Stress und kann zu unerwünschten Verhaltensweisen führen. Bietet sich kein Ventil für die Intelligenz und Bewegungsfreude einer Katze, kann es leicht zu Verhaltensauffälligkeiten kommen. Sie braucht einfach mehr Anregungen sowie Beschäftigung, um ihre aufgestauten Energien abbauen zu können. Neue Spiele, Zuwendung und gegebenenfalls die Anschaffung eines Artgenossen helfen, hyperaktives Verhalten abzuschwächen.

Anzeichen für Hyperaktivität

Bei dem Verdacht auf eine vorliegende Hyperaktivität ist grundsätzlich zu unterscheiden, ob es sich um eine krankheitsbedingte Hyperaktivität handelt oder nur eine scheinbare Überaktivität vorliegt. Ursachen für eine krankheitsbedingte Hyperaktivität können eine Überfunktion der Schilddrüse, ein genetischer Defekt oder eine Stoffwechselstörung sein, die zu einer Erhöhung des Phosphorspiegels im Blut führt. Klinische Erkrankungen können durch eine entsprechende Blutuntersuchung ausgeschlossen werden.
Bei einer scheinbaren Hyperaktivität dagegen haben sich durch mangelnde oder veränderte Aktivitäten des Halters möglicherweise Veränderungen im Tagesrhythmus ergeben. Die Katze ist durch diese Veränderungen verunsichert und beginnt beispielsweise, ständig um die Beine ihres Menschen zu streichen, auf seinen Schoß zu springen und auf sich aufmerksam zu machen. Dabei handelt es sich dann wiederum eher um Aufmerksamkeit heischendes Verhalten.

Es gibt einige typische Symptome, die ein Hinweis auf eine hyperaktive Störung sein können: Die Katze ist dauernd in Bewegung, spielt extrem ausdauernd und ohne Kontrolle, sehr grob oder sogar aggressiv. Sie kommt einfach nicht zur Ruhe und kann sich nicht entspannen. Im Vergleich zu gleichaltrigen Katzen oder ihren Geschwistern gibt es deutlich reduzierte Schlaf- und Ruhezeiten. Schon der geringste Reiz genügt, um die Katze überaus aktiv werden zu lassen. Manchmal zeigt sich auch ein ausdauerndes und extremes Miauen, das allerdings ebenso Aufmerksamkeit heischend sein kann. Eine hyperaktive Katze reagiert besonders schnell und leicht aggressiv, wenn sie festgehalten oder fixiert werden soll. Sie zeigt generell schon bei geringsten Reizen übertriebene unkontrollierte Reaktionen. Bei einer hyperaktiven Katze zeigt sich außerdem eine auf Menschen oder andere Katzen umgerichtete ausgeprägte Jagdaggression.

Körperliche Auswirkungen

Tritt unruhiges, hektisches Verhalten zusammen mit einem Gewichtsverlust trotz guten oder sogar erhöhten Appetits auf, ist dies oftmals ein Hinweis auf eine Schilddrüsenüberfunktion. Dabei entstehen ein erhöhter Energieumsatz sowie eine negative Energiebilanz, sodass die Katze an Muskelmasse und letztlich an Gewicht verliert. Sie tigert dann häufig ruhelos herum und sucht kühlere Ruheplätze, weil sie sich durch ihre ständige Aktivität erhitzt fühlt. Es kann ebenfalls ein unmotiviertes, vor allem nächtliches Schreien auftreten. Weitere mögliche Symptome sind stumpfes Fell, starkes Krallenwachstum oder chronisches Erbrechen mit und ohne Durchfall, extremer Durst sowie ein erhöhter Harndrang.

Die Überfunktion der Schilddrüse stellt sowohl eine hormonelle Störung als auch eine Tumorerkrankung dar, denn es bilden sich meist gutartige kleine Knoten. Das dadurch unkontrolliert produzierte Schilddrüsenhormon kurbelt die Stoffwechselvorgänge im Körper an, was zu einem erhöhten Kalorienverbrauch sowie zur Erhöhung des Blutdrucks führt. All dies kann natürlich auch wiederum körperliche Erkrankungen zur Folge haben.

Anzeichen für Nervosität

Katzen leiden an Stress, wenn sie in körperlicher oder psychischer Weise einer Überbelastung ausgesetzt sind. Dabei werden alltägliche Stressursachen, denen sie ausgesetzt sind, meistens übersehen. Da Katzen Gewohnheitstiere sind, liegt ihre Sicherheit in der Routine. Sobald sich der tägliche Ablauf auch nur etwas verändert, kann das bei einer Katze Unruhe sowie Stress auslösen und Verhaltensauffälligkeiten verursachen. Unter Katzen gibt es sowohl souveränere Naturen, denen eine Umstellung der Lebensgewohnheiten gar nichts ausmacht, als auch sensiblere Katzen, die dagegen häufig schon auf Kleinigkeiten heftig reagieren. Eine Überbelastung äußert sich durch Alarmreaktionen des Körpers und / oder der Psyche in Form eines veränderten Verhaltens.
Stressreaktionen können vor allem dann auftreten, wenn plötzliche Veränderungen geschehen. Darum sollte im Voraus darüber nachgedacht werden, wenn beabsichtigt wird, etwas im Umfeld oder im Leben der Katze zu verändern, beziehungsweise wenn etwas Auswirkungen auf die Katze haben könnte. Das gilt von der Futterumstellung bis hin zur Wohnungsrenovierung oder einem Umzug. Jede Veränderung sollte so langsam und behutsam wie möglich vollzogen werden. Nur eine schrittweise Umgewöhnung kann negative Stressreaktionen der Katze verhindern.
Manche potenziellen Stressfaktoren lassen sich nicht völlig ausschalten, können jedoch so weit wie möglich in Umfang oder Dauer reduziert werden. Selbst die ausgeglichenste Katze reagiert nervös, wenn sie über eine längere Zeit massivem Stress ausgesetzt wird. Wenn die Umstände nicht zu ändern sind, muss ihr unbedingt ein Ausgleich geschaffen werden.
Zu den Symptomen bei einer nervösen Katze gehören beispielsweise Zittern, Fauchen, Angst sowie der Drang, sich zu verstecken.

Ursachenforschung

Auslöser für Nervosität bei einer Katze kann eine schmutzige Katzentoilette sowie ein neuer oder zu unruhiger Stellplatz dafür sein.

Auch eine abrupte Futterumstellung kann eine sensible Katze verunsichern, da Nahrung zu den entscheidenden und überlebenswichtigen Ressourcen zählt. Laute Geräusche, wie Musik, Müllabfuhr, Staubsauger, Türenknallen, Baby- oder Kindergeschrei, Streit oder Hektik sind für die meisten Katzen eine erhebliche Belastung. Dazu können auch fremde Besucher gehören, die womöglich sogar für längere Zeit bleiben. Raues Spielen, ein unsachgemäßer Umgang oder das häufige Stören einer schlafenden Katze kann Nervosität ebenfalls fördern.

Durch falsche Haltungsbedingungen, wie einen zu lebhaften und unruhigen Haushalt, werden viele Katzen gestresst. Auch zu wenig Zeit oder wenn die Katze zu oft und zu viel alleine bleiben muss, stellen Stressfaktoren dar. Eine Bedrohung durch fremde Katzen oder Hunde, auch „nur" durch das Fenster, lassen ein Tier ebenfalls unter permanenter Anspannung stehen. Ein Umzug oder eine Renovierung belastet eine empfindliche Katze sehr, denn es geht um ihr ureigenes Revier. Ein Urlaub oder der Aufenthalt in einer Tierpension kann sie völlig aus der Bahn werfen. Dann sind besonders auffällige Verhaltensänderungen zu beobachten, denn dies kann extremen Stress bedeuten und sogar manchmal ein regelrechtes Trauma auslösen. Wenn irgend möglich, sollten Katzen während der Urlaubszeit in ihrer gewohnten Umgebung von einer Person betreut werden, die sie kennen.

Neue Familienmitglieder, wie ein Baby, ein neuer Partner, ein neues Haustier, stellen eine extreme Veränderung für die Katze dar, der sie sich nicht entziehen kann. Umgekehrt kann der Verlust eines Menschen oder Artgenossen sie völlig verunsichern. Das sogenannte Jo-Jo-Katzen-Syndrom, bei dem eine Katze immer wieder den Halter wechselt, beispielsweise wenn eine Tierheimkatze vermittelt und dann immer wieder zurückgegeben wird, sorgt selbstverständlich für Dauerstress. Die Katze hat dann überhaupt keinen Halt mehr und weiß nicht, wo sie hingehört.

Nervosität kann auch die Folge vergangener negativer Erfahrungen sein, wie beispielsweise Misshandlung, ein früheres Leben als wild lebende Katze, die keine normalen Alltagsgeräusche kennt, ein Unfall und vieles andere mehr. Es kann sich auch nicht nur um eine

einzige, sondern um eine Kombination von verschiedenen Ursachen handeln.
Bei manchen Katzen, die äußerst sensibel reagieren, kann bereits das Aufstellen eines neuen Möbelstückes oder ein neuer Teppich eine nervöse Reaktion auslösen. Wenn die Katze keine Möglichkeit hat sich abzureagieren, muss dieser Energiestau anders abgebaut werden. Oft geschieht dies dann zulasten des gesamten Organismus. Über einen längeren Zeitraum kann das zu einer Schädigung sämtlicher Körperfunktionen der Katze führen.
Auch eine unentdeckt gebliebene Taubheit kann bewirken, dass eine Katze sehr erschreckt oder nervös reagiert, sobald etwas Unerwartetes geschieht oder Kontakt mit ihr aufgenommen wird. Sie reagiert dann völlig unangemessen auf bisher ganze normale Dinge und Situationen. Die Nervosität kann jedoch auch durch Schmerzen oder körperliche Beschwerden ausgelöst worden sein. Wenn nach erfolgter tierärztlicher Untersuchung gesundheitliche Störungen ausgeschlossen werden können, müssen die Nachforschungen nach möglichen Ursachen der Nervosität beginnen. Von Beruhigungsmitteln halte ich nichts, da sie die Ursache nicht beheben. Bevor mit einer Therapie der Verhaltensauffälligkeiten und der Stresssymptome begonnen wird, sollte möglichst die Ursache hierfür herausgefunden werden. Die Katze muss genauestens beobachtet werden. In welchen Situationen zeigt sie ein verändertes Verhalten? Kommt die Katze in letzter Zeit zu kurz? Findet sie keine Ruhe? Hat sich das Verhältnis zwischen mehreren Katzen im Haushalt verändert? Durch welche Maßnahmen lässt sie sich am schnellsten wieder beruhigen? Benötigt sie einen Schlupfwinkel oder vermehrte Aufmerksamkeit in kritischen Situationen? Der Halter muss sich intensiv mit seiner Katze auseinandersetzen, um diese und viele andere Fragen, die der Katzenpsychologe ihm an die Hand geben kann, beantworten zu können. Sobald die Ursache der Nervosität definiert werden konnte, muss sie ausgeschaltet oder vermindert werden. Zumindest muss eine Möglichkeit gefunden werden, der Katze die Akzeptanz zu erleichtern.

Auswirkungen

Verhaltensauffälligkeiten, die durch Stress entstehen, sind Unsauberkeit, Markieren in der Wohnung, ein Aufmerksamkeit heischendes Verhalten, Aggressionen gegenüber Artgenossen oder Menschen. Auch eine übertriebene Fellpflege bis zur Selbstverstümmelung, das Pica-Syndrom, bei dem es sich um das Fressen unverdaulicher Stoffe handelt, sowie Stereotypien können als Folge von Stress beobachtet werden.

Reaktionen auf Stress können auch eine übertriebene oder extrem verminderte Fellpflege sowie gehemmte Bewegungslust sein. Die Katze hält dann meist die Augen krampfhaft geschlossen und hat einen angespannten Gesichtsausdruck. Die Ohren weisen schräg nach hinten, und sie hat ihre Vorderpfoten bei rundem Rücken unter den Körper gezogen. Die Katze weist dadurch alles, was sie dauerhaft überlastet, ab und entzieht sich. Sie meidet andere Katzen und wünscht keinerlei Nähe. Sie reagiert auf jegliche Annäherung entweder mit Abwehr oder weicht aus und versucht, dem sozialen Kontakt zu entkommen. Da Spielen zum Verhaltenskreis der Jagd und nicht des Sozialkontaktes gehört, kann es durchaus möglich sein, dass eine Katze noch immer zum Spielen animiert werden kann, obwohl sie schon sehr lange unter enormem Stress leidet. Insgesamt ändert sich das Verhalten der Katze jedoch, und sie reagiert immer häufiger und grundlos mit Aggression oder zeigt panikartige Fluchtreaktionen ohne ersichtlichen Grund.

Stress ist eine mehr oder weniger natürliche Reaktion des Körpers auf eine von der Katze empfundene Herausforderung beziehungsweise auf Druck. Unter Stress werden alle Belastungen verstanden, die den Organismus zu bestimmten Reaktionen veranlassen. Wird im Katzenkörper Alarm geschlagen, schütten die Nebennieren Adrenalin aus, was zu einer Erhöhung des Blutdrucks sowie einem beschleunigten Puls führt, die Sinneswahrnehmungen werden aktiviert und die Muskeln angespannt. Der vermehrte Adrenalinausstoß verleiht der Katze eine schnellere Reaktionsfähigkeit, die in gewissen Situationen als Schutz der eigenen Unversehrtheit dient. Katzen, die vermehrt Adrenalin produzieren, haben zumeist

runde Pupillen und eine starke Körperspannung. Der gesamte Katzenorganismus ist dann auf Flucht oder Kampf eingestellt.
Das spätere Stressverhalten einer Katze wird bereits in der frühen Kindheit geprägt. So sind Katzen, die bereits vor oder am Ende der achten Lebenswoche von ihrer Mutter getrennt werden, weitaus sensibler und stressempfindlicher als Katzenkinder, die erst nach der 12. Woche in ein neues Zuhause kommen. Katzen, deren Mutter während der Trächtigkeit und danach in keiner guten seelischen Verfassung war oder ein gestörtes Pflegeverhalten aufwies, sind ebenfalls stressanfälliger als andere.
Kurzfristige Stresssituationen sind unvermeidbar, wie beispielsweise ein Tierarztbesuch oder eine Auseinandersetzung mit einem Artgenossen. Die Reaktionen auf solchen kurzfristigen Stress sind in der aktuellen Situation in der Regel völlig normal. Sollten sie jedoch darüber hinaus anhalten, ist dies ein Warnsignal.
Ein gewisses Maß an Stress kann das Leben einer Katze sogar durchaus interessanter gestalten. Ein gesundes Verhältnis von Spannung und Entspannung ist sogar eher vorteilhaft. Dauerhaft anhaltende Stressphasen dagegen haben nicht nur eine beeinträchtigende Wirkung auf das Verhalten, sondern auch auf die Gesundheit der Katze. Zu viel Stress kann schwerwiegende Erkrankungen nach sich ziehen, die Fruchtbarkeit beeinträchtigen und Verhaltensauffälligkeiten verursachen.
Stress wirkt sich auch negativ auf das Immunsystem aus, und ein geschwächtes Immunsystem kann chronische Erkrankungen zur Folge haben. Darüber hinaus verzögert er die Erholung nach einer überstandenen Erkrankung oder nach einem operativen Eingriff. Es ist sogar nachgewiesen, dass Stress die Infektionsgefahr nach einer Operation erhöht. Stress macht dann krank, wenn der Druck übermäßig ist und sich der Körper in ständig erhöhter Alarmbereitschaft befindet. Diese Art von Stress wird Distress genannt und bezeichnet einen negativen, zerstörerischen Zustand, der ein Lebewesen anhaltend an den Rand der Belastbarkeit bringt. Dieser Stress hat immer zur Folge, dass das Interesse an sich selbst, an der eigenen Unversehrtheit, an anderen Katzen oder Menschen sowie an entsprechenden sozialen Interaktionen verloren geht.

Um das Selbstvertrauen einer Katze zu stärken und ihr Gleichgewicht wiederherzustellen, sollte eine beruhigende Umgebung geschaffen werden. Gerade Katzen mit einer niedrigen Stresstoleranz benötigen ausreichend Plätze zum Verstecken sowie friedliche Schlaf- und Rückzugsorte. An erhöhten Stellen oder in versteckten Ecken fühlen sich Katzen in der Regel sicherer. Liegt die Ursache in Lärm begründet, so sollte dieser reduziert beziehungsweise durch Dämpfung verringert werden. Auch eine Ablenkung durch Spielen während einer Stresssituation hilft, die Spannungen zu lösen. Viel Aufmerksamkeit und Zuwendung sind ebenfalls hilfreich.

Aufmerksamkeit heischendes Verhalten

Es gibt Verhaltensweisen, die aus dem Aufzuchtbereich stammen. Dabei handelt es sich um Verhaltensformen, die zur Pflege und aufmerksamen Zuwendung auffordern. Das ursprüngliche „Miau“ entstammt der Situation, wenn die Mutterkatze von der Jagd zurückkommt und mit diesen hungrigen, um Futter bettelnden Rufen ihrer Kitten begrüßt wird. Doch nicht nur verbal, sondern auch durch eindeutige Gesten, wie das auffordernde Anstarren, versuchen Katzen klar zu machen, was sie wollen. Jede Katze wendet ganz individuelle Taktiken an, um Aufmerksamkeit, Zuwendung, Streicheln, gemeinsames Spielen oder Futter von ihrem Menschen zu bekommen. Schließlich hatte sie damals bei ihrer Mutter auch schon Erfolg damit. Allerdings war diese stets aufmerksam und um das Wohl ihrer Jungen besorgt, während der Mensch sehr oft voll und ganz mit anderen Dingen beschäftigt ist. Dann muss die Katze ihre Aufforderung schon einmal etwas lauter oder nachdrücklicher gestalten, damit sie Beachtung findet.

Ausdruck des Verhaltens

Manche Katzen lassen sich einfach nicht abhalten, wenn der Mensch ihnen zu verstehen gibt, dass er momentan keine Zeit für sie hat. Sie klettern auf seinen Schoß und inspizieren die Zeitung, die er gerade liest. Das entspringt dem Interesse zu erfahren, was denn da jetzt so viel wichtiger ist als sie. Sie springen beispielsweise mitten auf den Schreibtisch und legen sich über die Unterlagen, die gerade bearbeitet werden sollen, um zu demonstrieren, dass es jetzt eher an der Zeit ist, gestreichelt zu werden. Sie sind daran interessiert zu verstehen, was der Mensch da tut und wie etwas funktioniert. Es ist häufig wirkliches Interesse, etwas genau untersuchen zu wollen. Natürlich soll es den Menschen aber auch zum Abbruch seiner Tätigkeit bewegen.

Die innere Uhr einer Katze kann dabei auch eine Rolle spielen, wenn nämlich eigentlich Zeit für die tägliche Spielrunde wäre oder der Halter den Fütterungszeitpunkt überschritten hat. Dann muss er schließlich einfach darauf aufmerksam gemacht werden. Dazu gehört auch, sich vor dem Menschen auf den Boden zu legen und sich zu rollen, was eine Aufforderung zum Streicheln ist. Manche Katzen legen ihrem Menschen sogar ein Spielzeug vor die Füße, um ganz deutlich zu demonstrieren, wonach ihnen der Sinn steht. Wenn eine Katze jemandem mit aufgestelltem Schwanz um die Beine streicht, ist dies eine andere Methode, um Futter oder etwas anderes einzufordern. Natürlich gehört auch ein lautes, energisches, manchmal sogar klagendes Miauen ebenfalls zu den Taktiken, die eine Katze anwendet, um zu erreichen, was sie möchte.
Dabei ist nicht nur die Geduld einer Katze, sondern auch ihre Ausdauer beachtlich. Wenn der Mensch nicht darauf eingeht, hat er sie in den Augen der Katze nämlich einfach nur nicht richtig verstanden. Dann muss sie natürlich deutlicher oder lauter werden. Meist hat sie auch bereits durch frühere Erfahrungen gelernt, dass sie erst durch eine entsprechende Beharrlichkeit ihr Ziel erreicht. Irgendwann gibt sich der Mensch geschlagen und gibt nach. Die Katze hat dann echte Überzeugungsarbeit geleistet. Oder war es doch eher Überredungskunst? Oder hat der Mensch einfach entnervt aufgegeben? Der Katze ist das letztendlich egal.
Mit besonders aufdringlichen Kontaktbemühungen will eine Katze ihren Halter nämlich nicht ärgern, sondern sie demonstriert ihre enge Bindung zu ihm und möchte ihm einfach nur ihre Bedürfnisse auf ihre Art mitteilen. Darum sollte die menschliche Reaktion auch immer einfühlsam und rücksichtsvoll ausfallen. Mit Ungeduld oder Abwehr zu reagieren, könnte das Problem sogar noch vergrößern. Je mehr die Katze sich vernachlässigt fühlt, umso bedürftiger wird sie.
Je nach Situation kann eine Katze jedoch auch immer wieder freundlich, aber bestimmt vom Schoß auf den Boden gesetzt werden, wenn es in diesem Moment einfach wirklich nicht passt. Im Notfall kann der Mensch das Zimmer verlassen oder die Katze vorübergehend aus dem Raum aussperren. Nach Erledigung der eige-

nen Angelegenheiten sollte dann aber zur Entschädigung wieder viel Zeit mit der Katze verbracht werden.
Es ist hier besonders wichtig, zwischen einem normalen Aufmerksamkeitsbedürfnis und einem auffallend überzogenen zu unterscheiden.

Checkliste, ob eine Katze wirklich in übertriebener Weise im Mittelpunkt stehen will:

- Versucht die Katze ständig im Mittelpunkt zu stehen und kommt wie auf Knopfdruck, sobald der Mensch eine Beschäftigung anfängt, springt ihm auf den Schoß oder streicht um seine Beine?
- Erwartet die Katze ununterbrochene Zuwendung und wird, wenn der Mensch keine Zeit hat, fast schon aggressiv?
- Zerkratzt die Katze demonstrativ Möbel oder Tapeten, um damit die Aufmerksamkeit des Menschen zu erreichen?
- Verfolgt die Katze ihren Menschen regelrecht und versucht sie dann, an seinen Beinen hochzuklettern?
- Sucht die Katze laufend die Nähe ihres Menschen oder anderer Haustiere und kann überhaupt nicht alleine sein?
- Ist es der Katze zur ständigen Gewohnheit geworden, mit lautem Miauen Aufmerksamkeit zu erregen?
- Reagiert die Katze sehr wehleidig und simuliert sogar Schmerzen, um dann wochenlang bemuttert zu werden?
- Erhält die Katze genügend Anregungen, Spielreize, Zuwendung, Ablenkung und Beschäftigung?

Es ist abzuwägen, ob die Katze so übertrieben Zuwendung einfordert, dass sie therapiert werden muss. Wenn die Katze ständig mehr Aufmerksamkeit und Zuneigung erwartet, als der Mensch ihr geben kann, kann unter dieser Unzufriedenheit nämlich letztendlich auch ihre Psyche leiden.

Ursachenforschung

Die meisten Wohnungskatzen leiden unter Unterbeschäftigung und langweilen sich einfach. Es reicht nicht aus, eine Katze zu streicheln, zu bürsten und gelegentlich mit ihr zu spielen. Zum Katzenverhalten gehören in erster Linie Erkundungs- und Jagdverhalten. Der Katze müssen daher ausreichend Aktivitäten ermöglicht sowie Anregungen zum Erkunden und Jagen angeboten werden. Hier sind viel Fantasie und Erfindungsreichtum gefragt. Dazu gehört auch, dass regelmäßig Futter versteckt wird und von ihr gesucht werden kann. Dies ersetzt zumindest ein wenig die Erkundungs- und Jagdaktivitäten. Eine zweite Katze kann als Spielkamerad dienen, kann aber die gemeinsamen Aktivitäten mit dem Halter nicht völlig ersetzen.

Eine Katze, die andauernd um Aufmerksamkeit bettelt, den Menschen nicht in Ruhe lässt, schreiend hinter ihm herläuft oder sich auf andere Weise unangenehm oder lautstark bemerkbar macht, kann eine ziemliche Belastung sein. Wenn eine Katze sehr viel schreit oder miaut, liegt es in den meisten Fällen daran, dass sie sich alleine fühlt, Angst oder einfach Langeweile hat. Natürlich sind wie immer zuerst gesundheitliche Gründe, wie Schmerzen, Juckreiz, Entzündungen und Ähnliches auszuschließen. Es gibt auch Katzen, die Angst haben, alleine zu bleiben.

Gerade junge Katzen, die zu früh von der Mutter weggenommen wurden, aber auch ältere Katzen bekommen plötzlich Verlassenheitsängste. Eine junge Katze muss sehr langsam und vorsichtig daran gewöhnt werden, indem anfangs nur mit wenigen Minuten begonnen und die Zeit des Alleinseins dann langsam gesteigert wird. Die Katze muss die Gewissheit erlangen, dass ihre Bezugsperson in jedem Fall wiederkommt und sich dann auch ausgiebig mit ihr durch Spielen, Streicheln und Füttern beschäftigt.

Wenn ältere Katzen schreien, obwohl jemand zu Hause ist, kann das unter anderem mit ihrem nachlassenden Gehör und einer geringeren Sehkraft zusammenhängen. Beides macht eine Katze einfach unsicher, ängstlich und übersensibel. Manche Katzen brauchen dann einfach auch verstärkt die Nähe ihres Menschen. Der Schlafplatz sollte dann am besten im Schlafzimmer und alle Türen in der Wohnung stets geöffnet sein.

Auswirkungen

Da die Mehrzahl der Katzen nachtaktiv ist, kommt es durchaus vor, dass sie mitten in der Nacht Aktivitäten einfordern, weil die Langeweile dann besonders groß ist. Kommt der Halter dieser Forderung nach, fühlt die Katze sich in ihrem Verhalten bestätigt sowie belohnt und wird es immer wieder einsetzen. Die Katze lernt beispielsweise, dass sie durch nächtliches Vokalisieren Aufmerksamkeit erhält und vielleicht sogar beschäftigt, hinausgelassen oder gefüttert wird, wenn ihr Schreien nur laut genug ist und lange genug anhält. Sie hat ihr Ziel erreicht. Sobald der Halter auf ein Aufmerksamkeit heischendes Verhalten der Katze, wie Schreien, auf das Bett springen oder Rumoren, in welcher Form auch immer, reagiert, unterstützt er dieses Verhalten.

Gerade nachtaktive Katzen müssen abends besonders beschäftigt werden, damit sie müde werden. Wenn sie nämlich den ganzen Tag über gedöst haben, sind sie natürlich nachts hellwach und unternehmungslustig. Das ist häufig bei Katzen der Fall, die tagsüber viel alleine sind und sich die dadurch entstehende Langeweile mit Schlafen vertreiben.

Eine Katze muss jedoch lernen, dass nicht sie die Zeiten bestimmen kann, wann sie Futter oder Zuwendung erhält, sondern alle Aktivitäten vom Halter ausgehen. Er ist ja schließlich nicht ihr Sklave, oder vielleicht doch? Versucht die Katze es trotzdem, muss dieses Verhalten konsequent ignoriert werden. Nur so kann sie mit der Zeit erkennen lernen, dass ihre Verhaltensweise keinerlei Erfolg mehr bringt.

Gibt der Mensch nach, assoziiert die Katze alles, was sie tut, mit dem Ergebnis. Der Mensch steht dann ihrer Meinung nach nur deshalb auf, weil sie unruhig ist und miaut. Er geht nur deshalb endlich in die Küche, weil sie frühmorgens im Badezimmer bereits beim Zähneputzen miaut. Der Mensch gibt der Katze nur deshalb Futter, weil sie sich auffordernd an seinem Bein reibt. Das bedeutet, dass die Katze jede Verhaltensweise, die zu einem erwünschten Erfolg führt, wiederholt und damit das entsprechende Verhalten regelrecht erlernt. Die Katze wird nämlich genau dazu motiviert,

denn es handelt sich um das Prinzip der positiven Verstärkung und somit um eine regelrechte Konditionierung. Sie wird ja jedes Mal damit belohnt, dass sie bekommt, was sie verlangt!
Werden Katzen für bestimmte Handlungen und Aktivitäten belohnt, zeigen sie diese Verhaltensweisen häufiger. Oft glaubt der Halter, seine Katze für ein unerwünschtes Verhalten durch Anschreien oder Verjagen zu bestrafen. Da die Katze dadurch jedoch für ihr Verhalten Aufmerksamkeit vom Menschen erhält, wird sie also indirekt doch belohnt. Die einzig wirksame Strafe für ein unerwünschtes Verhalten besteht darin, die Katze zu ignorieren. Bei richtigem Verhalten sollte sie dagegen gelobt und belohnt werden, sodass sie den Unterschied erkennt.

Wildes Jagen als Ersatzhandlung

Die Verfolgungsjagd ist ein äußerst wichtiger Bestandteil des Jagdprozesses und gehört zum natürlichen Verhaltensrepertoire von Katzen. Wenn eine Katze jedoch scheinbar Halluzinationen bekommt und wie verrückt imaginäre Gegenstände verfolgt, wird dies häufig für anomal gehalten. Da die Katze dann plötzlich innehält und sich verhält, als sei nichts geschehen, wird womöglich der Anschein erweckt, es handele sich um eine Art Anfall. Tatsächlich wird jedoch die Mehrheit der reinen Wohnungskatzen dieses Verhalten gelegentlich oder auch regelmäßig zeigen. Meistens rennen, springen, toben oder hüpfen die Katzen dabei wie wild quer durch die Wohnung, über und unter Tische, Bänke, Stühle, Betten und Schränke.
Dabei handelt es sich dann um eine Ersatzhandlung. Obwohl die Katze wahrscheinlich gut versorgt wird und es ihr nicht an Futter, Wärme oder Zuwendung mangelt, fehlt ihr die Gelegenheit, ihren angeborenen Trieb zur Jagd und auch zur Flucht auszuleben. Ohne Freigang kann sie keine Beute beschleichen und fangen. Sie hat auch keine Feinde, denen sie entkommen muss. Ohne die notwendigen natürlichen Reize, durch die bei einem Raubtier schnelle Bewegungen und eine Verfolgungsjagd ausgelöst werden, nutzt die Katze dafür irgendwann jeden noch so unbedeutenden Anreiz. Das

kann eben auch ein imaginärer, also eingebildeter und gar nicht real vorhandener, sein, um ihre aufgestaute Energie zu entladen. Im Laufe der Zeit haben sich einfach zu viel ungenutzte Energie sowie Frustration aufgebaut, bis die Katze einfach nicht mehr anders kann. Nachdem sie etwas von ihrer Energie losgeworden ist und ihre Jagdkünste erprobt hat, kehrt sie rasch in ihren entspannten Zustand zurück, als wäre nichts geschehen.

Vor allem Wohnungskatzen brauchen angemessene Anreize in Form von Spielgegenständen, einer artgerechten, abwechslungsreichen Umgebung sowie der Beschäftigung mit dem Menschen, um ihnen zu ermöglichen, ihre enormen Energiereserven loszuwerden. Besonders interaktive Spiele mit dem Halter sind dabei einfach unerlässlich, denn schließlich muss sich der Beuteersatz bewegen, um interessant zu sein.

Vielfach leidet eine Katze auch einfach unter dem Einzelkatzen-Syndrom. Dann hilft es, eine Zweitkatze aufzunehmen. Dies vermindert Einsamkeit, Langeweile, Monotonie und zu viel aufgestaute Energie. Trotz allem ist eine Zweitkatze aber kein Ersatz für Aufmerksamkeit, Zuwendung und Spielen durch den Menschen.

Übertriebene Fellpflege

Die Fellpflege der Katze ist eine Instinkthandlung, mit der sie täglich viel Zeit verbringt. Zum normalen Putzverhalten gehört, dass eine Katze ihre Vorderpfoten durch Belecken mit der Zunge befeuchtet und sie dann, wie eine Art Waschlappen, zur Gesichtswäsche benutzt. Die Katze setzt sich aufrecht hin, fährt mit der Zunge über Hals und Brust, reinigt die Vorderbeine und benetzt dann eine Vorderpfote mit Speichel, um damit über Gesicht, Augen, Nase, Wangen und Kinn und dann über Stirn sowie Ohren zu wischen. Ihren gesamten restlichen Körper beleckt sie direkt mit ihrer rauen Zunge. Zuerst reinigt sie auf diese Weise die Schulter- und Rückenpartie. Danach legt sie sich auf die Seite, um ihren Bauch zu putzen, anschließend die Hinterschenkel, biegt dann den Schwanz nach vorne und reinigt auch ihn. Schließlich streckt sie ein Hinterbein nach oben, um auch an Hinterteil und Genitalien zu gelangen. Eine Katze verfügt über eine bemerkenswert gelenkige Körperbeherrschung.

Heftiges Zerren zwischendurch am Fell spielt bei der Körperpflege eine besondere Rolle, um die Drüsen an der Wurzel jedes einzelnen Haares zu stimulieren. Die Sekretion dieser Drüsen ist notwendig, um das Fell wasserdicht zu halten. Während der Sommermonate nutzt die Katze die Fellpflege zusätzlich zur Temperaturregulierung, denn das Ablecken von Fell und Haut kann bis zu einem Drittel Wärmeverlust durch das Verdampfen bewirken. Die feuchten Haare geben über die Verdunstung Kälte ab, die wiederum kühlend auf den Katzenkörper wirkt.

Auch nachdem sie gestreichelt wurde, putzt sich eine Katze häufig ausgiebig. Einerseits will sie dadurch ihren Eigengeruch wiederherstellen, der durch den Geruch des Menschen überdeckt wurde, andererseits ist sie auch daran interessiert, den Menschen zu „schmecken“ und die Signale zu „lesen“, die er ihr mit dem Duft seiner Schweißdrüsen an den Händen beim Streicheln übermittelt hat.

Ausdruck des Verhaltens

Die Fellpflege spielt für eine Katze jedoch auch eine Rolle beim Abbau von Spannungen nach einer Auseinandersetzung mit einem Artgenossen oder nach einem unvermittelten Schreck. Dann findet die Fellpflege als sogenanntes Verdrängungs-Putzen statt, das der Katze hilft, die intensive Erregung abzubauen.
Häufig benutzen Katzen die Körperpflege als eine solche Übersprungshandlung, wenn sie vor einer angsteinflößenden Situation nicht fliehen können, wenn sie verwirrt oder verärgert sind. Die meisten Katzen lecken ihre Flanken unwillkürlich, wenn sie irritiert, aufgeregt oder erschrocken sind. Dieses Flankenlecken hat nichts mit normaler Fellpflege zu tun, aber normalerweise ist diese Übersprungshandlung harmlos und tritt nicht mehr auf, sobald die Ursache beseitigt ist.
Bei Katzen, die jedoch unter ständigem Stress oder in Angst leben, setzt ein sogenanntes Over-Grooming ein, eine überzogene und unangemessene Ausübung des normalen Körperpflegeverhaltens, die zu Haarverlust und Hautveränderungen an den beleckten Partien führt. Die Tiere lecken die Stellen mit ihrer rauen Zunge zuerst wund und irgendwann blutig. Es kann zu erheblichen offenen Wunden kommen, die nur sehr schwer und langsam wieder heilen. Man kann hier von einer regelrechten Selbstverstümmelung sprechen.

Ursachenforschung

Wenn eine Katze sich oft und ausgiebig das Fell leckt oder sich die Haare büschelweise herausrupft, geht dies weit über das normale Pflegeverhalten hinaus. Ein auffallend häufiges Belecken, Kratzen oder Beknabbern der immer selben Körperstellen hat nichts mehr mit der üblichen Körperpflege zu tun. Das kann bis hin zur Selbstzerstörung gehen. Daher sollte zunächst unbedingt geklärt werden, ob körperliche Ursachen, wie Magen-Darm-Probleme, Verletzungen, Fell- oder Hautparasiten wie beispielsweise Milben, Pilze oder Flöhe vorliegen. Leidet die Katze vor allem an Bauch und Innenschenkeln unter Haarverlust, liegt meist ein hormonell bedingter Hintergrund vor.

Wenn Parasiten oder Erkrankungen, wie eine Allergie oder Ekzeme, auszuschließen sind, können seelische Konflikte wie Langeweile, starke Nervosität, Stress, Eifersucht, Einsamkeit, Zwiespalt oder Unsicherheit in einer ausweglosen oder beängstigenden Situation die Ursache für das übertriebene Pflegeverhalten sein. Eine Besserung lässt sich meist durch gezieltes Ablenken und viel Zuwendung erreichen.

Auch schlechte beziehungsweise falsche Haltungsbedingungen, der Verlust der Bezugsperson oder Stress mit einem Artgenossen können eine übertriebene Fellpflege auslösen. Dann gilt es, die Haltungsbedingungen positiv zu verändern und einen Abbau von sozialen Stresssituationen mit Menschen oder Artgenossen zu erreichen. Auch bei Katzen, die von ihrem Halter ständig gemaßregelt oder sogar geschlagen werden, ist dieses Verhalten zu beobachten. Zur Therapie gehört eine sofortige Veränderung der angstauslösenden Situation. Exzessives Putzen ist zudem häufig typisch für Katzen, die von einer dominanten anderen Katze unterdrückt werden und keine ausreichenden Rückzugsmöglichkeiten haben. Es kommt dann zu einer regelrechten Autoaggression, die das Tier gegen sich selbst richtet, da es sich nicht traut, diese am tatsächlichen Gegner abzureagieren, indem es ihn angreift oder sich zumindest wehrt.

Vielleicht hat auch ein Halterwechsel stattgefunden, worunter die Katze leidet, oder aber sie hat ihre Vergangenheit noch nicht verarbeitet. Man kann dann die Katze nur verwöhnen, sie ernst nehmen und ihr zeigen, dass sie gemocht wird. Ihr Verhalten wird möglicherweise gemildert, wahrscheinlich aber nicht mehr ganz verschwinden.

Zusammenfassend kann festgestellt werden, dass eine mögliche Ursache ebenso in einer dermatologischen Erkrankung, wie aufgrund einer Allergie oder Futterunverträglichkeit, zu finden sein kann. Auch eine zu große Anzahl von Katzen in einem Haushalt kann ein Auslöser sein, denn dies bedeutet für manche Tiere Dauerstress. Dies gilt auch, wenn sich die Beziehung zum Halter verändert, beispielsweise durch das Hinzukommen eines neuen menschlichen Partners, häufigere oder längere Abwesenheit oder einfach weniger Beachtung aufgrund eigener menschlicher Belange. Generell können Störungen und Veränderungen – sowohl emotionaler Art, wie eine angstauslösende Situation ohne Fluchtmöglichkeit, als auch im direkten Lebensumfeld, im Haus oder draußen in der Nachbarschaft – Gründe sein.

Anzeichen und Vorbeugung

Zu Alarmzeichen gehören abgebrochene Haarschäfte, haarlose Stellen an den Flanken, über dem Becken, am Schwanzansatz, am Bauch und an der Innen- und Rückseite der Hinterschenkel. Auch ein vermehrtes Vorfinden von ausgefallenen Haarbüscheln in der Wohnung zählt dazu. Ein ziemlich sicheres Indiz ist, wenn sich die Katze wirklich exzessiv beleckt und beknabbert und kaum ein Ende findet. Oftmals lässt sie sich davon auch durch nichts ablenken.
Vorbeugend ist eine regelmäßige Kontrolle auf Parasiten und Hautveränderungen zu empfehlen. Zur diagnostischen Absicherung sollten immer Allergien, wie beispielsweise gegen Flohkot und Flohspeichel sowie Futtermittel, ausgeschlossen werden.
Zudem sollten alle Angst auslösenden Reize nach Möglichkeit vermieden werden. Zur Therapie der psychologischen Aspekte des Verhaltens gehört unter anderem eine kontrollierte Konfrontation mit herausfordernden Situationen, damit die Katze selbstsicherer und souveräner wird. Diese muss jedoch behutsam und nach Anleitung durchgeführt werden. Eine ausreichende Beschäftigung mit der Katze, um Langeweile vorzubeugen, sowie Schmusen und regelmäßige Entspannung sollten selbstverständlich sein.

Auswirkungen

Durch eine andauernde konfliktbeladene Erregung, sei es im Sozialbereich oder durch Angst, beispielsweise infolge zu langen oder häufigen Alleinseins, kommt es nicht selten zu völlig einförmig ablaufenden Leck-, Putz- oder auch Kratzstereotypien, die immer auf

die gleichen Körperstellen gerichtet sind. Sie werden meistens auch dann beibehalten, wenn die Haut durch die ständige Irritation schon haarlos oder sogar blutig ist.
Ein autoaggressives Verhalten, wie die Selbstverstümmelung in gesteigerter Form, tritt bei Katzen nicht sehr häufig auf, kommt aber immer wieder einmal vor. Es handelt sich dann gewöhnlich um eine Reaktion auf eine sehr gravierende oder auch chronisch andauernde Form von Stress oder ein besonders sensibles Wesen. Der Schmerz der Selbstverstümmelung wird durch die körpereigenen Endorphine überdeckt. Es entsteht eine sich selbst verstärkende Euphorie, die wiederum Endorphine freisetzt und somit belohnend wirkt. Übersteigertes Putzen geschieht oftmals zu Beginn aus Langeweile und Unterforderung. Irgendwann werden dabei jedoch Glückshormone ausgeschüttet, und es entwickelt sich zu einem regelrecht selbstbelohnenden Verhalten.
Eines der Hauptprobleme bei der Therapie einer übertriebenen Fellpflege besteht zudem darin, dass sich ein Juck-Kratz-Kreislauf entwickeln kann. Die Irritation der beschädigten Hautstelle bringt die Katze dann dazu, sich dort weiterzukratzen, auch wenn die ursprüngliche Ursache des Problems gar nicht mehr existiert. Es sollte jedoch möglichst kein Halskragen zum Verhindern des Leckens eingesetzt werden, da der Stress für die Katze dadurch noch zusätzlich erhöht werden kann.
Die Katze benutzt ein solches Verhalten in erster Linie, um Stress abzubauen. Sie sollte darum keinesfalls dafür bestraft werden. Das würde ihre Verunsicherung und ihren inneren Druck nur noch vergrößern. Es sollte aber auch nicht versucht werden, sie zu beruhigen. Ansonsten kann dies von der Katze ganz gezielt eingesetzt werden, um Aufmerksamkeit zu bekommen. Die Grenzen zwischen Ablenkung oder aber Belohnung dieses Verhaltens sind sehr fließend.

Körperliche Folgen

Ein unnatürlich gesteigerter Putztrieb kann natürlich auch zu weiteren körperlichen Problemen führen. Unter einem solchen Putz-

zwang rasiert die Katze mit ihrer rauen Zunge regelrecht die Haare ab. Die nackte Haut wird weiter beleckt und neigt zu Entzündungen. Hautentzündungen jucken zudem stark, sodass die Katze noch intensiver leckt. Dieser Kreislauf kann dann nur noch von einem Verhaltenstherapeuten unterbrochen und gezielt behandelt werden.
Ein weiterer möglicher Nebeneffekt, der risikoreich ist, besteht in der Bildung ungewöhnlich großer Haarballen durch die übermäßige Fellpflege. Diese können eine Verstopfung im Verdauungssystem verursachen, die bis hin zu einem Darmverschluss führen kann. In Extremfällen ist dann eine Operation notwendig, um die Haarballen zu entfernen. Darum sollten gerade langhaarige Katzen, die sich zu oft putzen, verstärkt gebürstet und gekämmt werden, um damit lose Haare zu entfernen. Dabei darf die überempfindliche, wunde Haut natürlich nicht zusätzlich gereizt werden.

Kratzen an Möbeln oder Tapete

Das Markierverhalten mit Krallen und Pfotenballen ist für Katzen ein ganz natürliches und normales Bedürfnis. Zudem ist es Teil ihrer Körperpflege sowie des Selbstausdrucks. Das Kratzen dient sowohl dem Kürzen und Schärfen der Krallen, aber zusätzlich auch der Sicht- und Duftmarkierung. An den Ballen der Vorderpfoten und in der Haut des Zwischenzehenbereichs haben Katzen Schweiß- und Duftdrüsen, die körpereigene Duftstoffe produzieren. Diese sogenannten Pheromone hinterlassen für andere Artgenossen geruchliche Botschaften und dienen der Absicherung beziehungsweise Abgrenzung des Territoriums. Diese Geruchsinformationen werden durch das Entlangstreichen der Vorderpfoten am jeweiligen Kratzobjekt freigesetzt und stellen eine für jede Katze individuell einzigartige Geruchsmarkierung dar.
Krallenpflege ist für eine Katze sehr wichtig, da die äußeren, abgenutzten Krallenhüllen während des Kratzens abfallen und die neuen Krallenspitzen freilegen, die darunter nachgewachsen sind. Dabei kratzen Katzen nur mit den Vorderpfoten, da sie die Krallenhüllen an den Hinterpfoten mit ihren Zähnen abziehen. Es reicht in der Regel aus, der Katze dafür geeignete Objekte, wie einen Kratzbaum oder -bretter, zur Verfügung zu stellen. Das gilt auch, wenn die Katze kratzt, um den Einzieh- und Ausstreckmechanismus ihrer Krallen zu trainieren und zu kräftigen. Dies ist für Katzen beim Kämpfen, Klettern sowie beim Beutefang unbedingt erforderlich. Außerdem kratzen Katzen, wenn sie ausgeschlafen haben, um ihre Glieder durch Strecken wieder zu dehnen, wenn sie gefressen haben und wenn sie sich wohlfühlen.
Katzen setzen diese Kratzmarkierungen auch verstärkt in Situationen ein, in denen sie Angst haben oder verunsichert sind, um damit dort ihren Geruch abzugeben. Zusätzlich dienen die optischen Kratzspuren der Sichtmarkierung und hinterlassen ebenfalls eine entsprechende, weithin wahrnehmbare Botschaft. Darum befinden sich die Kratzstellen beispielsweise häufig an oder in der unmittel-

baren Nähe von Türen oder Fenstern. Katzen wollen damit verhindern, dass sich Eindringlinge von draußen in ihr Heimrevier wagen. Das Kratzen an markanten Stellen in der Wohnung, wie im Eingangsbereich oder der Diele, dem Keller, an Fenstern, Balkontür, Haustür oder anderen verschlossenen Türen, deutet darauf hin, dass es sich hierbei um Zonen handelt, in denen Frustration oder Aufregung erlebt werden kann.

Unerwünschtes Kratzverhalten

Wenn sich eine Katze zum Kratzen das Sofa, Tisch- oder Stuhlbeine, Türen, den Teppich oder die Tapeten aussucht, wird dies vom Halter verständlicherweise meistens nicht toleriert. Die Oberfläche der Gegenstände, an denen nicht gekratzt werden soll, sollte darum beispielsweise durch Folie für die Katze möglichst unattraktiv gemacht werden. Das Geräusch sowie die glatte Oberfläche wirken unangenehm für sie. Die spätere Entfernung der Folie sollte nur langsam und schrittweise erfolgen, und erst, wenn die Katze zuverlässig die für sie bestimmten Kratzgelegenheiten benutzt.
Im Freien wählen Katzen für ihre Kratzmarkierungen meistens Bäume mit weicher oder leicht rissiger Rinde, die einreißt oder abbröckelt, wenn daran gekratzt wird. Es hängt vom Typ ab, was die Katze als Alternative im Haus akzeptiert. Die meisten Katzen bevorzugen textiles, faserndes Material wie Kokosmatten, Teppichböden, Jute oder Sisal. Es sollte der Katze übrigens nicht der gleiche oder ein ähnlicher Teppichboden angeboten werden, wie er in der Wohnung liegt. Dann kann sie keinen Unterschied feststellen und nicht den Grund erkennen, warum sie an der einen Stelle dieses Materials kratzen darf und an allen anderen nicht. Darum sollte das Interesse besser auf adäquatere und katzengerechtere Materialien und Stellen umgelenkt werden.

Eine artgerechte Bedürfnisbefriedigung

Jede Katze braucht einen Kratzbaum und am besten zusätzlich noch Kratzbretter und/oder Kratzmatten. Die Seile an den Kratzbäumen sind fast immer quer gewickelt, was für manche Katzen das Kratzen unangenehm macht und störend wirkt. Es ist ebenfalls darauf zu achten, dass das Sisalseil nicht zu straff befestigt ist. Wenn sich die Katze mit ihren Krallen nicht regelrecht einhaken und Fasern herausreißen kann, wird die Benutzung uninteressant. Eine senkrecht gewickelte Sisal- oder Hanfmatte wird eher angenommen und kann auch direkt am Kratzbaum befestigt werden. Wichtig ist außerdem, dass der Kratzbaum einen festen Stand hat, nicht wackelt und auf keinen Fall umfallen kann. Am besten reicht er vom Boden bis zur Decke des Raumes, wo er befestigt werden kann. Er sollte möglichst mit unterschiedlichen, senkrechten Oberflächenstrukturen wie Sisal, Bast oder Rinde beklebt sein. Die Stämme sollten mindestens einen Durchmesser von etwa 10 Zentimetern aufweisen, und er sollte eine Höhe von mindestens 1,50 Metern haben. Wichtig ist, dass der Kratzbaum unterschiedlich hohe Aussichtsplattformen bietet, von denen die Katze möglichst einen freien Blick nach draußen hat. Am besten verfügt er über zusätzliche Spielmöglichkeiten, wie eine Höhle, Röhren, bewegliches Spielzeug und Ähnliches. Es ist darauf zu achten, dass er möglichst zwischen Schlaf- und Futterplatz platziert wird, da das Strecken und Krallenwetzen von der Katze nach dem Erwachen am häufigsten ausgeführt wird.

Der Kratzbaum kann mit Leckerchen und/oder Spielzeug auf den einzelnen Ebenen interessanter gemacht werden. Auch das Kratzen mit den Fingernägeln zur Demonstration wirkt auf eine Katze animierend, da sie das Geräusch reizt. Auf keinen Fall sollte die Pfote der Katze genommen und damit am Stamm gekratzt werden, da dadurch Zwang ausgeübt wird, was ihr die Benutzung verleiden kann.

Wird mit Vorliebe an einem bestimmten Möbelstück gekratzt, kann der Kratzbaum auch direkt daneben platziert werden. Vorsichtshalber ist die Stelle an dem Möbel jedoch abzudecken, damit die Alternative eher akzeptiert wird. Nach einiger Zeit kann der Kratzbaum dann langsam und allmählich Stück für Stück zu seinem endgültigen Stellplatz gerückt werden.

Kratzbretter können entweder an der Wand befestigt werden, um der Katze ein aufrechtes Kratzen zu ermöglichen, oder einfach auf den Boden gelegt werden. Es gilt herauszufinden, welche Kratzart der Katze am besten gefällt. Benutzt sie ersatzweise den Teppich, bietet es sich an, Kratzbretter auf den Boden zu legen. Kratzt sie bevorzugt an senkrechten Gegenständen oder an der Tapete, möchte sie sich beim Kratzen aufrichten, und es empfiehlt sich die Befestigung des Kratzbretts in einer entsprechenden Höhe. Dabei sollte die Kratzfläche zwischen der Schulterhöhe der Katze und der Höhe liegen, die ihre Krallen erreichen können, wenn sie auf den Hinterbeinen steht. Es gibt auch Eckenschoner-Kratzbretter, die um eine Ecke herum befestigt werden können. Auch für Kratzbretter gilt, dass sie stabil sein sollten und nicht wackeln oder verrutschen können, da die Katze ansonsten die Lust am Kratzen verliert. Da Katzen Abwechslung lieben, werden ihnen am besten ein liegendes Kratzbrett sowie eines, an dem sie sich zum Kratzen aufrichten können, angeboten. Benutzt die Katze Tapeten zum Kratzen, kann ebenfalls eine Folie schützen. Die glatte Fläche verleidet der Katze den Spaß am Kratzen, da sie gerne ein wenig Widerstand zwischen den Pfoten verspüren möchte. Ihr muss dann jedoch möglichst an dieser Stelle eine akzeptable Alternative angeboten werden.

Für ihre Markierung suchen sich Katzen meist mehrere, aber oftmals immer wieder dieselben Gegenstände beziehungsweise Stellen aus, die meistens im Kernbereich des Territoriums, also in ihrem Revier erster Ordnung, an gut zugänglichen Stellen liegen. Ein wichtiges Kriterium ist außerdem eine raue, griffige Oberfläche, durch die die Katze ihre Krallen ziehen kann und die das Duftgemisch besser aufnimmt.

Gründe für Kratzverhalten

Das Setzen von Duftmarken beziehungsweise Sichtmarkierungen spielt für die Katze eine große Rolle. Es gehört einfach zu ihrer Kommunikation und stellt für sie eine Art Graffiti dar, mit dem sie etwas ausdrücken kann. Die dabei hinterlassene Duftmarke sagt zusätzlich einiges über den Absender aus. Da der Geruch und die

Reichweite im Gegensatz zu Urinmarkierungen eher gering sind, muss auch noch optisch ein Signal gesetzt werden. Da der Geruch, der für unsere menschliche Nase gar nicht wahrnehmbar ist, mit der Zeit verfliegt, muss er natürlich regelmäßig wieder aufgefrischt werden. Nach kurzer Zeit ist die Markierung aber schon von Weitem optisch zu erkennen.

Das Kratzen kann bei der Katze auch durch Stressreaktionen, Unsicherheit oder aber Imponiergehabe ausgelöst werden. Darum kann es sowohl bei dominanten als auch bei sehr unsicheren Katzen verstärkt auftreten. Es kann einer Katze ebenso dabei helfen, Stress und aufgestaute Aggressionen abzubauen. Ist eine Katze aufgeregt oder frustriert, reagiert sie sich unter Umständen mit Kratzen ab. Selbstbewusste Katzen demonstrieren damit ihren Status sowie soziale Sicherheit, wenn sie vor den Augen einer anderen Katze oder des Halters zu kratzen beginnen. Bei ihnen ist das Kratzen eine optische Dominanzgebärde. Auf diese Weise kann eine unterlegene Katze eingeschüchtert werden. Am Lieblingssessel des Halters wird gekratzt, weil die Katze seinem Körpergeruch ihren eigenen hinzufügen möchte, um den vertrauten Gruppengeruch zu erzeugen. Darum kann es auch hilfreich sein, wenn ein getragenes Kleidungsstück des Halters auf den Kratzbaum gelegt wird, um ihn für die Katze attraktiver zu machen.

Krallenwetzen tritt häufig auch als Übersprungshandlung auf und hat in diesem Fall die Funktion einer Ersatzhandlung in einem Konflikt. Eine Katze, die in einen Zwiespalt gerät und nicht weiß, wie sie sich entscheiden soll, wird beginnen, sich intensiv zu putzen oder ihre Krallen zu schärfen. Da sie keine Entscheidung treffen kann, tut sie etwas, was mit der Situation in keinem Zusammenhang steht. Sie überbrückt damit den Zwiespalt und baut die durch den inneren Druck entstandene Energie ab.

Manche Katzen benutzen das Kratzen sogar dazu, um Aufmerksamkeit zu erregen, weil ihnen langweilig ist oder sie zu wenig Beachtung finden. Es gibt Katzen, die regelrecht gelernt haben, dass ihr Mensch dann mit Schimpfen reagiert, was für sie in dem Moment eine Art von Zuwendung darstellt. Oder aber er springt sogar auf, um sie davon abzuhalten, was wiederum Action und even-

tuelles Jagen bedeutet. Manche Halter stehen dann auch auf, um die Katze hinauszulassen. Sie wurden von ihrer Samtpfote besonders gut dressiert. In allen Fällen bedeutet das, die Katze erreicht ihr Ziel und wird unbewusst für ihr eigentlich unerwünschtes Verhalten belohnt. Schon ein- bis zweimalige Wiederholungen genügen, damit die Katze diese Taktik immer wieder einsetzt. Hier hilft nur eine gezielte Umkonditionierung auf ein anderes Kratzobjekt, um das Kratzen in erwünschte Bahnen zu lenken.
Auch Katzen, die zu viel alleine sind, fühlen sich unterfordert und frustriert. Sie gehen buchstäblich die Wände hoch, indem sie Gardinen zerfetzen, Tapeten zerkratzen und Gegenstände herunterwerfen. Hier hilft nur viel Zuwendung und vor allem interaktives Spielen mit der Katze. Das gilt auch, wenn die Katze aus Unsicherheit oder Angst Sicht- und Duftmarkierungen durch Kratzen hinterlässt, da es hilft, der Katze wieder mehr Selbstsicherheit zu geben.

Gegenmaßnahmen

Auch bei der Verhaltensauffälligkeit in Form von Kratzen gilt, die Katze möglichst nicht zu bestrafen. Ein lautes „Nein“ und in die Hände zu klatschen, wenn die Katze direkt dabei beobachtet wird, kann ihr jedoch vermitteln, dass dieses Verhalten unerwünscht ist. Dann sollte sie am besten sanft zum Kratzbaum getragen werden, und wenn sie tatsächlich dort kratzt, ausgiebig gelobt und belohnt werden. In erster Linie sollte es darum gehen, die bevorzugte Stelle unattraktiv zu machen und die Aufmerksamkeit der Katze stattdessen auf eine geeignetere Kratzmöglichkeit zu lenken. Es geht um Umerziehung durch positive Verstärkung.
Die Krallen der Katze zu schneiden bringt nichts, da die Katze sie umso eifriger wetzen wird, je stumpfer sie sind. Das hinterlässt dann erst recht breite Spuren. Die Krallenamputation ist in Deutschland zum Glück verboten. Jeder verantwortungsvolle Tierarzt würde diese physische und zugleich psychische Verstümmelung auch verweigern, da er weiß, dass eine Katze, der die Krallen genommen werden, neurotisch wird, ihr Gleichgewichtsgefühl verliert, sich nirgendwo mehr richtig festhalten kann und bei jedem Sprung

abrutscht. Zudem braucht sie ihre Krallen zur Körperpflege, um damit Ungeziefer aus dem Fell zu entfernen oder sich zu kratzen. Außerdem hält sie damit ihr Futter fest und benötigt die Krallen im Kampf mit Rivalen. Wenn ihr all das nicht mehr möglich ist, hockt sie am Ende nur noch verängstigt in einer Ecke und kann kein artgerechtes Leben mehr führen.

Eine Verhaltenstherapie bei der Katze

Die Tierverhaltenstherapie ist ein wichtiger und stetig wachsender Bestandteil der gängigen Dienstleistungen für Haustierhalter. Die Ursachen für Verhaltensauffälligkeiten von Katzen sind vielfältig, und es muss versucht werden, unter Anwendung des Wissens über das Katzenverhalten die ursprüngliche Ursache für das auffällige Verhalten herauszufinden. Dann wird ein Therapieplan für eine Veränderung des Verhaltens erstellt, der sowohl auf die individuellen Bedürfnisse der Katze als auch auf die ihres Halters zugeschnitten ist.
Die Einschätzung einer Verhaltensauffälligkeit gerade bei der eigenen Katze ist nicht leicht. Ein besonders großes Hindernis bei der Beurteilung ist die persönliche Beziehung und Bindung, die jemand zu seinem Tier hat, aber auch die Gefahr der subjektiven Interpretation. Darum ist eine unabhängige Einschätzung meistens hilfreicher. Sie, als Halter, spielen selbst eine sehr große Rolle, weil Sie immer mit beteiligt sind. Die Katze und ihre artspezifischen Bedürfnisse zu kennen und zu respektieren ist ein erster und äußerst entscheidender Schritt bei einer Therapie.

Therapiemethoden

Konditionierungsmaßnahmen sind ein wichtiges Instrument bei der Behandlung von Verhaltensauffälligkeiten. Der Verhaltenstherapeut muss zunächst entscheiden, welche Methode die geeignetste ist und wie diese im entsprechenden Einzelfall angepasst und umgesetzt werden kann. Dies erfordert natürlich zunächst diagnostische Maßnahmen zur Klärung der Ursachen des Problems. Daraus ergeben sich dann eine oder auch mehrere therapeutische Möglichkeiten.
Dabei ist zu berücksichtigen, dass die meisten Katzenhalter bereits irgendeine Form der Bestrafung oder der Verhaltensbeeinflussung

ausprobiert haben, bevor sie um Rat fragten. Die gemachten Versuche waren aber offensichtlich nicht erfolgreich. Darum kann es sinnvoll sein, einen Behandlungsansatz zu wählen, der sich deutlich davon unterscheidet oder zumindest entsprechend abgewandelt wird. Außerdem sollte der Halter auch immer unbedingt darüber aufgeklärt werden, wenn er das Verhalten falsch interpretiert hat beziehungsweise was seine Reaktion darauf tatsächlich bewirkt hat.
Wenn also beispielsweise die versuchte Problembewältigung in einer persönlichen Bestrafung bestand, sollte eher eine positive Gegenkonditionierung eingesetzt werden. Einige der empfohlenen Therapiemaßnahmen können allerdings vom Katzenhalter einen erheblichen Zeitaufwand sowie eine tägliche Wiederholung erfordern, wozu dieser daher bereit sein sollte.

Desensibilisierung und Gewöhnung

Hierbei geht es um die Gewöhnung an Reize, die Furcht bei der Katze hervorrufen. Die Katze wird dem Reiz in geringer Intensität und unter kontrollierten Bedingungen ausgesetzt. Dies sollte jedoch nicht ohne professionelle Hilfe und Anleitung durchgeführt werden. Generell gilt, das Angstverhalten der Katze nicht durch Hochnehmen oder vermehrte Aufmerksamkeit zu belohnen beziehungsweise zu bestätigen. Es geht in erster Linie darum, ihr zu vermitteln, dass alles völlig normal und kein Grund zur Besorgnis vorhanden ist. Zudem sollte ihr dabei geholfen werden, sich mit etwas abzufinden, was vorher eine nervöse oder gar furchtsame Reaktion bei ihr ausgelöst hat. Dazu gehört auch, dass die Katze für ihre Akzeptanz belohnt wird.
Jede Katze hat ein Repertoire angeborener Verhaltensweisen. Dazu gehören Schreckreaktionen auf alle möglichen fremden Reize, Furcht vor neuen oder ungewöhnlichen Gegenständen, aber auch Angst vor dem Alleinsein, davor, verlassen zu werden oder vor fremden Menschen. Diese Reaktionen sind genetisch bedingt und stellen einen Schutz vor einer überraschenden Bedrohung durch unvermutete Angriffe, Fressfeinde und Ähnliches dar. Trotzdem

ist es völlig individuell, wie eine Katze auf einen bestimmten Reiz reagiert. Alle Katzen haben die Fähigkeit, sich an einen fremdartigen und ursprünglich furchteinflößenden Reiz zu gewöhnen, wenn er öfter auftritt, ohne dass er tatsächlich Schmerz verursacht oder damit ein aus sonstigen Gründen negativer Effekt verbunden ist. Ängste können dadurch auftreten, dass der entsprechende Reiz völlig ungewohnt ist, oder dass eine einmal vorhandene Gewöhnung verloren ging. Durch eine in der Regel unbeabsichtigte Konditionierung werden Angstreaktionen bei daran nicht gewöhnten erwachsenen Katzen häufig verstärkt. Wenn eine Katze aufgrund einer übertriebenen Reaktion auf einen Reiz Schmerz oder etwas Negatives erfahren hat, wird dadurch ihre Angstreaktion beim nächsten Mal zusätzlich verstärkt. Ähnliche Effekte können auftreten, wenn der Halter versucht, eine ängstliche Katze zu beruhigen. Dieser Versuch der Besänftigung wird von der Katze als Belohnung für ihre Furcht aufgefasst, und damit wird das Gegenteil dessen erreicht, was ursprünglich beabsichtigt worden war. Zudem fühlt sie sich durch das tröstende Verhalten des Menschen darin bestätigt, dass es einen Grund zur Sorge gibt. Bei der Therapie von Angstreaktionen ist daher zu prüfen, inwieweit unbeabsichtigte Konditionierungsmaßnahmen, durch die die entsprechenden Reaktionen noch verstärkt wurden, als Ursache eine Rolle spielen.

Die Konditionierung eines Verhaltens

In der Verhaltenstherapie wird unterschieden zwischen einer angeborenen Lerndisposition, die genetisch festgelegt ist, einer erworbenen Lerndisposition, bei der das Umfeld sowie Beschäftigung eine große Rolle spielen, sowie einer aktuellen Lerndisposition, die sich auf die Tagesverfassung bezieht. Obligatorisches Lernen ist angeboren, lebensnotwendig und wird durch erworbenes Lernen optimiert. Ein Verhalten, das belohnt wird, wird eher erlernt. Lernen kann somit ein Verhalten verstärken oder vermindern.
Eine Belohnung hat einen stimulierenden, die Bereitschaft zur Durchführung einer Handlungsweise verstärkenden Effekt und führt dazu, dass die Katze diese Handlung eher wiederholt. Wird

beispielsweise das Betteln bei Tisch durch einen Leckerbissen belohnt, wird die Neigung zu diesem unerwünschten Verhalten zweifellos verstärkt. Das bedeutet, hatte die Katze einmal damit Erfolg, wird sie es immer wieder versuchen. Solche ursprünglich unterschätzten und unbeabsichtigten Maßnahmen der Konditionierung sind verantwortlich für eine Reihe unerwünschter Verhaltensweisen bei Katzen.
Durch Konditionierung können, wie bereits erwähnt, sogar unerwünschte Angstreaktionen verstärkt werden. Selbstverständlich lässt sich die Konditionierung aber auch positiv verwenden, um Katzen eine Reihe von nützlichen und wünschenswerten Verhaltensweisen beizubringen. Wenn in einer bestimmten Situation eine bestimmte Reaktion erfolgt und diese belohnt wird, wird diese Reaktion häufiger als bisher auftreten.
In der Regel werden mit Konditionierungsverfahren, mit denen erwünschte Verhaltensweisen belohnt werden, gute Ergebnisse erzielt. Durch Gegenkonditionierungsmaßnahmen wird versucht, neue Verhaltensabläufe entstehen zu lassen, die mit dem Auftreten des unerwünschten Verhaltens unvereinbar sind. Durch eine sogenannte Auslöschung, das heißt Maßnahmen, die unerwünschten Verhaltensweisen jegliche Grundlage entziehen, kann ein durch einen Lernvorgang erworbenes Verhalten, wie beispielsweise das Betteln am Tisch, beseitigt werden. Dies gilt ebenso bei unerwünschten Aktivitäten der Katze, um Aufmerksamkeit zu erregen.

Bestrafen von unerwünschtem Verhalten

Ein erster vereinfachter Ansatz zur Therapie von Verhaltensauffälligkeiten besteht darin, zunächst zwei Möglichkeiten abzuwägen, und zwar die Bestrafung oder Ignorierung des unerwünschten oder aber die Belohnung des erwünschten Verhaltens. Dies erfordert zunächst eine genaue Untersuchung der Umstände, unter denen die Katze ihr auffälliges Verhalten zeigt beziehungsweise wann sie sich wie gewünscht verhält.
Eine direkte Bestrafung darf bei einer Katze auf keinen Fall mit Schlägen oder lautem Schimpfen erfolgen, da Schläge das Problem

nur verschlimmern würden und Schimpfen unbeabsichtigt von der Katze sogar als Belohnung empfunden werden oder aber ihre Unsicherheit noch verstärken könnte. Eine Katze bringt eine körperliche Bestrafung nicht mit ihrer Handlung, sondern mit dem jeweiligen Menschen in Verbindung, was ängstliche oder aggressive Reaktionen bei ihr nur provozieren würde. Zudem belastet es die Beziehung zwischen Tier und Mensch nachhaltig.

Die einzige Möglichkeit einer direkten Bestrafung ist ein lautes „Nein“, vielleicht noch verbunden mit einem Händeklatschen oder einem anderen lauten Geräusch, das die Aufmerksamkeit erhöht beziehungsweise die Katze durch diesen Schreckreiz innehalten lässt. Da ein Schreck immer etwas Unangenehmes ist, wird dieses Verhalten für die Katze unattraktiv. Sie lernt mit der Zeit, dass sie sich erschrecken wird, wenn sie sich in dieser Weise verhält, sodass sie es lieber unterlässt, um diesem negativen Reiz zu entgehen.

Sämtliche Bestrafungsarten müssen jedoch genau in der Sekunde durchgeführt werden, in der das unerwünschte Verhalten auftritt, da die Katze ansonsten keinen Bezug mehr zu ihrer Handlung herstellen kann. Außerdem muss Bestrafung immer konsequent durchgeführt werden. Das bedeutet, dass ein Verhalten nicht einmal geduldet und dann wieder bestraft werden darf, weil die Katze auf diese Weise nicht lernen kann, was denn nun verboten und was erlaubt ist.

Außerdem muss beachtet werden, dass die Katze nicht für ein natürliches Verhalten bestraft wird oder für eine Handlung, die sie aus Angst ausführt. Es muss klar sein, dass Bestrafung keinerlei Veränderung des Verhaltens bewirkt, sondern im Gegenteil die Problematik durch gesteigerte Unsicherheit und Angst der Katze verschlimmern sowie das Verhältnis zum Menschen nachhaltig belasten kann. Die Katze erkennt nämlich gar nicht den Zusammenhang zu ihrem Verhalten, denn aus ihrer Sicht kann sie nicht anders, als sich so zu verhalten. Solange die Ursache, warum sie sich so verhält, nicht beseitigt ist, weiß sie sich einfach nicht anders zu helfen. Hinzu kommt, dass die Katze so zwar erfährt, was unerwünscht und verboten ist, aber nicht, was sie denn stattdessen tun darf oder soll. Darum ist das folgende Vorgehen weitaus effektiver.

Loben und Belohnen von erwünschtem Verhalten

Das Loben und Belohnen von richtigem Verhalten stellt die effektivste Methode dar. Schließlich kann die Katze nur auf diese Weise erkennen, was der Mensch von ihr erwartet und welches Verhalten erwünscht ist. Es reicht einfach nicht aus, ihr zu demonstrieren, was sie nicht darf. Natürliche Verhaltensweisen wie das Kratzen können einer Katze nicht verboten und abgewöhnt werden. Wird sie für das Kratzen an den Möbeln bestraft, weiß sie immer noch nicht, wo sie ihren natürlichen Trieb stattdessen abreagieren kann. Selbstverständlich müssen ihr dazu entsprechende Alternativen wie Kratzbaum und Kratzbrett zur Verfügung gestellt werden. Wenn sie diese dann benutzt, kann durch Loben und Belohnen unterstützt werden, dass sie diese Objekte ausschließlich zum Kratzen verwendet, weil immerhin außer der Bedürfnisbefriedigung ein weiterer positiver Effekt damit verbunden ist. Allerdings müssen Lob und Belohnung ebenfalls exakt in der Sekunde erfolgen, wenn die Katze das gewünschte Verhalten zeigt, da sie es danach nicht mehr mit ihrer Handlung assoziieren kann. Eine konsequente, also regelmäßige Belohnung führt dazu, dass eine Katze schnell lernt.

Positive Verstärkung ...

- reduziert Stress
- baut Selbstvertrauen auf
- beschleunigt den Trainingserfolg
- stärkt die Mensch-Katze-Beziehung
- motiviert die Katze dazu, Fortschritte zu machen
- erhöht die Lebensqualität der Katze.

Weitere Therapiemaßnahmen

Um eine Milieusanierung handelt es sich, wenn einer stundenlang allein gelassenen Einzelkatze in der Wohnung vermehrte Beschäftigungsmöglichkeiten wie Kratzbaum, Sitzbretter, zeitweilig verschiedene Schachteln und Kartons zur Befriedigung ihres Erkundungsbedürfnisses sowie unterschiedliche Spielgegenstände und verstecktes Futter gegen das Aufkommen von Langeweile zur Verfügung gestellt werden. Auch eine Optimierung der Platzierung von Fress-, Trink-, Ausscheidungs-, Kratz- sowie Schlafplätzen zählt hierzu. Diese sollten nämlich alle den richtigen Abstand voneinander aufweisen.

Eine Erweiterung der Wohnung wird in den meisten Fällen nicht möglich sein, außer es ist ein Balkon vorhanden, der mit einem Netz katzensicher gemacht werden kann. Es kann jedoch der Zugang zu möglichst allen Räumen ermöglicht werden, indem alle Türen offen oder angelehnt sind, eine Rennstrecke geschaffen wird und die dritte Dimension in Form von höher gelegenen zugänglichen Plätzen zusätzlich genutzt werden kann.

Nicht immer sind die Ursachen einer bestimmten erworbenen Verhaltensauffälligkeit auf den ersten Blick zu erkennen. Die Entstehungsursache herauszufinden, beziehungsweise den Auslöser, ist aber für die Therapieart, einen Dauererfolg oder die Beseitigung beziehungsweise Veränderung bestimmter Umstände sehr hilfreich. Wenn über mutmaßliche einschneidende Erlebnisse der Katze oder aber die besondere Art ihrer ehemaligen Lebensweise, wie örtliche oder soziale Umstände, keine verwertbaren Anhaltspunkte in Erfahrung zu bringen sind, muss beobachtet werden, wie sie in bestimmten Situationen reagiert. Aus der Weise, wie die Katze bestimmte Umstände empfindet, durch das Betrachten ihrer Reaktionen und Ausdrucksmerkmale können manchmal gewisse Rückschlüsse gezogen werden. Dadurch kann eine Vielzahl der möglichen, entweder noch aktuellen oder bereits lange zurückliegenden Ursachen für die auffällige Verhaltensweise auf wahrscheinliche Begebenheiten oder Umstände eingeschränkt werden.

Meistens sind es Menschen, Ereignisse oder Umstände, die eine Katze zwingen, in unnatürlichen, nicht artgerechten Verhältnissen zu leben oder Konflikten nicht entfliehen zu können. Es sollte allerdings stets berücksichtigt werden, dass jede Katze eine eigene Persönlichkeit hat, daher in ihrer eigenen Art reagiert und individuell therapiert werden muss. Es geht natürlich in erster Linie darum, die mögliche Ursache für ein auffälliges Verhalten der Katze herauszufinden und zu beseitigen. Manchmal ist dies aber gar nicht möglich, denn beispielsweise kann man die Geburt eines Babys oder einen Umzug nicht einfach wieder rückgängig machen. Dann muss die Katze dabei unterstützt werden, sich besser mit den neuen Lebensumständen arrangieren zu können.

Weit verbreitet ist die Ansicht, eine Katze würde, wenn ihr etwas nicht gefällt, aus Protest unsauber werden oder andere auffällige Verhaltensweisen aufweisen. Das ist nicht richtig. Vielmehr ist es so, dass Katzen aus Unsicherheit unsauber werden, wenn sie irgendetwas beunruhigt. Das Hinterlassen ihres eigenen Geruches an verschiedenen Stellen des Hauses gibt einer Katze Sicherheit. Ursachen für eine solche Unsicherheit können Angst, Kummer, Sorgen, Veränderungen und mitunter ganz banale Dinge sein. Egal welches auffällige Verhalten eine Katze zeigt, es handelt sich niemals um Protest, Bestrafung des Halters oder pure Gemeinheit. Die Katze kann aus ihrer Not heraus nicht anders reagieren, denn sie weiß sich nicht anders zu helfen. Ihr Verhalten kann also höchstens als Hilferuf oder als Aufmerksammachen auf Missstände gewertet werden.

Spiel- und Beschäftigungstherapie

Die meisten Katzenhalter unterschätzen die große Bedeutung dieser Therapieform. Sie haben zum Spielen keine Zeit – sprich keine Lust. Sie spielen mit ihrer Katze, aber nur ganz kurz und oftmals nicht in der Form, die für das Tier wirklich animierend ist. Sie behaupten, ihre Katze habe keine Lust zu spielen. Entweder stimmt das schlichtweg nicht, oder aber die Katze vermittelt diesen Eindruck, weil sie resigniert hat. Mit ihr wird immer nur sehr kurz gespielt, und wenn sie gerade richtig in Fahrt kommt, hat der Mensch keine Lust mehr und bricht ab. Oder der Halter hat einfach noch nicht die Vorlieben seiner Katze herausgefunden, denn jede bevorzugt andere Spielarten. Auch die Spielweise ist entscheidend, denn eine Spielaufforderung darf für die Katze nicht bedrohlich wirken oder irritierend, weil sich beispielsweise ein echtes Beutetier niemals so verhalten würde wie die bewegte Spielmaus.

In meinem Buch „Coaching für Katzenhalter" habe ich ein ganzes Kapitel darüber geschrieben, in dem viele Spielanregungen zu finden sind sowie Empfehlungen, was es zu beachten gibt.

Gerade Wohnungskatzen, Katzen, die oft und/oder lange alleine sind, Einzelkatzen sowie besonders beutetriebstarke Katzen, aber auch ängstliche oder aggressive Katzen brauchen eine regelrechte Beschäftigungstherapie. Dazu gehören Aufmerksamkeit, Ansprache, Streicheln, aber vor allem das Spielen mit dem Menschen. Diese Therapieform wird auch, aber nicht nur, eingesetzt, wenn unerwünschtes Verhalten aufgrund eines Triebstaus vorliegt. Beispielsweise, wenn wegen fehlender natürlicher Beuteobjekte Beine und Füße des Menschen gejagt werden und es so zu einer spielerischen oder Spiel-Aggression kommt.

Zur Spieltherapie gehört gezieltes interaktives Spielen mit der Katze. Sowohl aktive oder hyperaktive Katzen als auch ängstliche und unsichere Katzen können von dieser Therapiemethode profitieren. Bei der aktiven und unausgelasteten Katze, die andere Katzen aus Langeweile bedroht oder belästigt, wird mit regelmäßigen Spieleinheiten die überschüssige Energie in vernünftiger Weise kanalisiert. Sie kann sich so anderweitig abreagieren, und es muss nicht die arme Artgenossin dafür herhalten. Katzen sind, auch wenn sie nur in der Wohnung leben, noch immer Raubtiere, und wenn sie keine echten Beutetiere vorfinden, wird eben alles mögliche als Ersatz gejagt. Am besten wird mit regelmäßigen Spielstunden der Tagesablauf der Katze in aktive Phasen sowie Ruhephasen strukturiert.

Bei einer ängstlichen und unsicheren Katze hat die Spieltherapie eine andere Wirkung. Konzentration und Erfolg bei der Jagd auf eine Spielmaus oder ein anderes geeignetes Objekt haben einen angstlösenden Effekt und erhöhen das Selbstbewusstsein einer Katze. Da ängstliche Katzen unter Umständen anfangs auch dem Menschen oder einem Spielzeug gegenüber unsicher sind, muss langsam und geduldig begonnen werden.

Dabei ist darauf zu achten, dass nicht andere anwesende, vor allem aktive und schnell entschlossene, spielfreudige Katzen dabei ein wesentlicher Hemmfaktor sind. Aus diesem Grund sollte die aktivere Katze in einen anderen Raum gebracht werden. Hat die zöger-

liche Katze einmal erkannt, dass ihr Spiel nicht mehr von der anderen ungestümen Katze gestört wird, und sie sich sicher fühlen kann, wird sie zunehmend aktiver und mutiger werden.
Ganz wichtig sind vor allem Erfolgserlebnisse beim spielerischen Jagen. Die „Beute“ muss natürlich auch erjagt werden können, sodass sich die Katze als Sieger sowie gute Jägerin fühlen kann und Selbstbewusstsein entwickelt. Ansonsten werden Unsicherheit und Ängstlichkeit sowie Frust weiterhin gefördert und verstärkt.

Die ganzheitliche Therapie

Katzen sprechen im Allgemeinen sehr gut auf die Behandlung mit Bach-Blüten an, denn diese wirken als sogenannte energetische Therapie auf einer eher subtilen Ebene und helfen der Katze, ihr psychisches Gleichgewicht wiederzufinden. Allerdings können sie immer nur unterstützend eingesetzt werden und andere Therapiemaßnahmen ergänzen. Viele Katzenhalter finden diese Methode am bequemsten, aber wenn sie diese ausschließlich anwenden, werden sie nicht die gewünschten Resultate erzielen.
Bach-Blüten sind sehr hilfreich und nicht wegzudenken aus meiner täglichen Praxis, aber sie sind kein Zaubermittel, auch wenn sie manchmal Wunder bewirken können. Sie sind auch keinesfalls Medizin, mit der die „lästigen Symptome“ einfach unterdrückt werden.
Eine Therapie muss immer ganzheitlich sein. Nur Bach-Blüten alleine reichen in der Regel nicht, sondern es müssen zusätzlich eine Verhaltenstherapie, das Ausschalten eines Auslösers und/oder die Veränderung eines menschlichen Verhaltens beziehungsweise eine Änderung der Lebensumstände oder Veränderungen im Umfeld eingesetzt werden. Eine Therapie ohne Bach-Blüten reicht aber in vielen Fällen auch nicht aus, weil nur diese dazu beitragen können, die Katze wieder mehr in ihr inneres Gleichgewicht zu bringen und ihr zu helfen, ausgeglichener zu werden. Bach-Blüten wirken vor allem bei Angst, Aggression, Nervosität, Hyperaktivität sowie bei Aufmerksamkeit heischendem Verhalten.
Die Blütenessenzen werden ausschließlich aus ungiftigen Pflanzen

sowie dem Wasser einer reinen Heilquelle hergestellt, was sie mir persönlich sympathischer macht als die Homöopathie. Bach-Blüten können keinen Schaden anrichten, sondern wirken bei einer verkehrten Auswahl einfach nicht.

Auch bei der Auswahl der Bach-Blüten ist es sehr wichtig, ganzheitlich vorzugehen. Es muss eine Mischung sein, die auf diese eine individuelle Katze abgestimmt ist. Fertige Mischungen, die pauschal gegen Angst oder Aggressivität helfen sollen, sind reine Geldverschwendung, denn sie können nicht wirken. Es gibt viele verschiedene Blüten, die alle für ganz unterschiedliche Arten von Ängsten oder der Art, wie sie ausgelebt werden, wirksam sind.

Zudem müssen sämtliche Aspekte sowie alle Bereiche, in denen ein Ungleichgewicht bei der Katze besteht, berücksichtigt werden. Eine ängstliche Katze hat meistens auch zu wenig Selbstvertrauen, sodass auch eine Unterstützung und Förderung der Selbstsicherheit mit einbezogen werden muss. Es wird daher niemals nur eine einzige Bach-Blüte empfohlen, sondern immer eine bestimmte Mischung aus mehreren Blüten, die alle Bereiche abdeckt, in denen ein Ungleichgewicht herrscht.

Viele Katzenhalter setzen bei Unsauberkeit einfach pauschal Notfalltropfen (Rescue Remedy) ein, was völliger Unsinn ist und nicht hilft. Wie es der Name schon sagt, sind diese ausschließlich für einen echten akuten Notfall gedacht, wie Unfall oder Ohnmacht. Urin in der Wohnung mag zwar für einige Menschen einem Notfall gleichkommen, die Katze hat jedoch ganz andere, vielschichtigere Probleme, die es zu therapieren gilt. Darum ist es immer ratsam, einen Experten um Rat zu bitten und nicht selbst nach einem Büchlein auf eigene Faust eine Mischung zusammenzustellen. Das reicht in den meisten Fällen nicht aus. Es hilft ja auch nicht, ein Arztbuch zu lesen, um sich selbst heilen zu können. Ein Buch kann einfach eine profunde Ausbildung sowie Praxiserfahrung nicht ersetzen.

Bei Aggressivität ist es beispielsweise absolut wichtig zu erkennen, ob es sich um echte Aggression, eine aus Unsicherheit und Angst resultierende oder aber um eine spielerische handelt. Bei einem artgerechten Verhalten, wie dem Kratzen an Tapeten oder auch an

Menschenhänden beim Spielen, bedarf es bei der Therapie eher keiner Bach-Blüten, sondern hier geht es in Richtung Erziehung sowie um das Umlenken des Verhaltens in andere Bahnen.
Darum ist es so wichtig und hilfreich, einen Verhaltenstherapeuten um Hilfe zu bitten, weil man bei den eigenen Tieren selbst zu sehr involviert ist, um objektiv sein zu können und vieles übersieht oder aber falsch interpretiert. Als Halter ist man oft zu verstrickt und hat nicht genügend Abstand. Man hat sogar häufig regelrecht einen blinden Fleck, sodass eine außenstehende, neutrale Person, die zudem noch professionelle Ahnung hat, einfach besser geeignet ist.

Qualifizierte Beratung suchen

Vertrauen Sie dem Erfahrungsschatz einer guten Katzenpsychologin bzw. eines Katzenpsychologen. Allerdings gibt es auch in dieser Berufssparte schwarze Schafe beziehungsweise Menschen, die keine Ahnung von ihrem Beruf haben. Sollte Ihnen etwas völlig gegen den Strich gehen oder suspekt bei einer Therapie vorkommen, setzen Sie es besser nicht um. Eine gute Ausbildung ist das A und O, und leider tummeln sich viele Anbieter auf dem Markt, die völlig unqualifiziertes Lehrmaterial anbieten und ihren Schützlingen überhaupt keine hilfreichen Therapiemethoden an die Hand geben, mit denen Katzen in der Praxis geholfen werden kann. Da wird dann lediglich ein bisschen Theorie vermittelt, bei der zudem weitaus mehr auf Wildkatzen und unter Laborbedingungen lebende Katzen eingegangen wird als auf die Haus- und Rassekatzen, die mit Familienanschluss leben und mit denen ich es tagtäglich zu tun habe.
Zudem bin ich der Meinung, dass eine gute Katzenpsychologin einen Halter auch bei der Anschaffung, Ausstattung, artgerechter Haltung, Erziehung, Beschäftigung sowie dem richtigen Umgang beraten können muss. Wenn diese elementaren Kenntnisse alle fehlen, ist es auch nicht möglich, sich wirklich in ein solches Wesen hineinversetzen zu können. Zudem muss sie alles gut und verständlich erklären können.

Tierärzte oder Tierheimmitarbeiter, die keine Zusatzausbildung in Verhaltenstherapie haben, geben oft die abstrusesten Empfehlungen. Veterinäre verabreichen den Tieren einfach Psychopharmaka, was ich persönlich völlig ablehne. Sie setzen die Tiere also einfach unter Drogen, ohne auch nur irgendetwas gegen den Auslöser zu tun und das Tier zu unterstützen. Auf diese Weise schwächen sie es zusätzlich, anstatt es zu stärken.
Ich habe auch noch nie empfohlen, ein Tier einfach abzugeben, ohne vorher nicht alles Mögliche probiert zu haben. Tierärzte dagegen geben diesen lapidaren Rat leider häufig bei Unsauberkeit oder Aggressivität sofort. Dass einige Tierärzte in der heutigen Zeit, wo man doch wirklich in der Tiertherapie schon sehr weit ist, noch anbieten, eine Katze wegen Unsauberkeit einzuschläfern, finde ich skandalös und absolut unethisch. So jemand hat in meinen Augen seinen Beruf verfehlt und verstößt gegen seine Verpflichtung, zu helfen und zu heilen.
Die meisten Tierärzte wissen ohne eine entsprechende Zusatzausbildung jedoch nicht, was zu tun ist. Unter dieser Unwissenheit und letztendlich Unfähigkeit müssen dann die Tiere leiden. Es wäre doch völlig legitim, in einem solchen Fall an einen Tierverhaltensberater zu verweisen. Einige Halbgötter in Weiß sehen diese Berufssparte jedoch nicht als sinnvolle, hilfreiche Ergänzung, sondern als Konkurrenz oder tun sie als Quacksalber ab. In meinen Augen ist dies völliger Blödsinn, da alle gesundheitlichen und körperlichen Beschwerden zweifellos in die professionelle Hand eines guten Tierarztes gehören, was auch jeder seriöse Tierpsychologe seinen Klienten empfehlen wird. Seelische, psychische Probleme dagegen sind bei einem Tierverhaltenstherapeuten gut aufgehoben, zumal dieser viel mehr Zeit in den einzelnen Fall investieren kann als es einem Tierarzt während seiner normalen Praxissprechstunde möglich ist. Der Tiertherapeut sollte jedoch am besten eine spezielle Ausbildung in der „Katzenpsychologie“ haben, denn die meisten Tierpsychologen haben in erster Linie weitaus mehr Ahnung von Hunden, zumal wenn sie selbst gar keine Katze haben. Dann sind ihnen diese Wesen einfach nicht vertraut genug, um sich wirklich voll und ganz in sie einfühlen zu können.

Die Mitwirkung des Katzenhalters

Bedauerlicherweise können Verhaltensauffälligkeiten bei Katzen manchmal nur deshalb nicht therapiert werden, weil es nicht gelingt, die Verhaltensfehler des Halters zu korrigieren. Dazu gehören Launenhaftigkeit, Inkonsequenz, Desinteresse, Zeitmangel, Bequemlichkeit, Gedankenlosigkeit, mangelnde Einsicht und vieles andere mehr. Hinzu kommen zu sehr eingefahrene Gewohnheiten oder unrealistische Wünsche sowie Erwartungen an die Katze. Das muss einfach einmal ganz deutlich ausgesprochen werden. Entscheidend ist, dass der Halter die empfohlene Therapie gewissenhaft, konsequent und vollständig durchführt. Wenn Sie nichts ändern, kann sich nichts ändern! Ich habe es bisher immer nur dann erlebt, dass keine oder ausreichende Veränderungen eingetreten sind, wenn ich auf Nachfragen herausfand, dass meine Empfehlungen nicht oder nur unzureichend umgesetzt wurden.
Wenn ich nach den gemachten Erfahrungen fragte, wurde deutlich ersichtlich, dass Therapiemaßnahmen nicht oder nicht richtig befolgt wurden. Das ist dann der Grund, warum eine Therapie nicht anschlägt oder aber nicht langfristig wirkt. Dann ist es wichtig herauszufinden, ob der Halter es nicht umsetzen wollte oder es nicht konnte. Das ist natürlich ein Unterschied.
Es gibt auch Katzenhalter, die bereits im Vorfeld behaupten, dass etwas nicht funktioniert oder nichts bringt, bevor sie es überhaupt ausprobiert haben. Sie hatten dann einfach irgendwie andere Vorstellungen oder Erwartungen. Manches scheint ihnen zu einfach und simpel zu sein. Bitte probieren Sie etwas immer erst aus, bevor Sie ein Urteil fällen. Lassen Sie sich dabei auch nicht von Bekannten oder der Familie beeinflussen, die ihre Zweifel anmelden oder alles als Unsinn abtun. Einen Versuch ist es doch auf jeden Fall wert, denn Sie haben nichts mehr zu verlieren. Das Problem mit all seinen Auswirkungen haben Sie bereits. Das Schlimmste, was passieren kann, ist, dass es so bleibt und sich nichts verändert. Es besteht aber eben auch die Möglichkeit, dass es wirkt – egal, ob man es mit dem Verstand nachvollziehen kann oder nicht. Ich bin der Meinung, dass man diese Chance doch nutzen sollte, oder?

Andererseits ist es richtig und wichtig, Zweifel zu äußern oder Irritationen Ausdruck zu verleihen, wenn Sie mit etwas nicht einverstanden sind oder es sich einfach nicht zutrauen. Dann sollte der Berater alles noch einmal genau erklären und vor allem die Bedeutung beziehungsweise die Wirkungsweise erläutern. Manchmal ist die Mitarbeit für den Halter unbequem, ungewohnt oder auch sehr aufwendig. Dann muss ihm einfach verdeutlicht werden, wie unerlässlich es für die Lösung des Problems ist und welche „Belohnung" er letztendlich damit ernten wird.

Wie an anderer Stelle ausführlich geschildert, kann eine „einfache" Spieltherapie sehr viel bewirken, auch wenn viele sich das im Vorfeld nicht vorstellen können. Stellen Sie sich doch einfach einmal vor, Sie wären in Ihrer Wohnung eingesperrt, könnten sie nie verlassen, keine Zeitung lesen, kein Fernsehen schauen, sich nicht unterhalten. Wie dankbar wären Sie dann für jede Abwechslung und vor allem für Bewegung, wenn Sie ansonsten den ganzen Tag nur herumsitzen oder schlafen würden? Bei Katzen kommt zudem der innere Trieb und Drang zu Bewegung, zum Jagen, zum Beutegreifen hinzu, weil dies in ihrer Natur liegt.

Katzen brauchen zudem – genauso wie Menschen – Anregungen, Austausch, Abwechslung und Erfolgserlebnisse. Sie stumpfen ebenso ab wie wir, wenn all dies fehlt und alles immer gleichbleibend langweilig ist.

Eine tierpsychologische Beratung

In Deutschland werden heute etwa acht Millionen Katzen als Haustiere gehalten. Mit der besonderen Rolle, die sie in der heutigen Zeit vielfach für ihre Menschen einnehmen, sind sie oftmals schlichtweg überfordert. Sie können keinen Partner oder Kinder ersetzen und sind auch kein Spielzeug, das man einfach nur mal bei Bedarf zum Kuscheln hervorholt, während man die übrige Zeit seinen eigenen Interessen widmet. Es reicht nicht, eine Katze mit Futter und Wasser zu versorgen und ihre Katzentoilette regelmäßig zu reinigen. Sie ist ein hochsozialisiertes und sensibles Lebewesen, das weitaus mehr zu einem befriedigenden und artgerechten Leben braucht. Darum kommt es vermehrt zu Verhaltensauffälligkeiten wie Unsauberkeit, Ängstlichkeit, Aggression, Hyperaktivität, Selbstverstümmelung und unzähligen anderen Symptomen. Ein weiterer wichtiger Grund ist, dass Katzenhalter die Bedürfnisse und Ansprüche ihrer Katze nicht wirklich kennen. In dieser Hinsicht besteht oftmals viel Nachholbedarf. Teilweise gehen die menschlichen und kätzischen Vorstellungen von einem Zusammenleben auch gravierend auseinander.

Der Tierpsychologe bzw. Tierverhaltensberater

Der Beruf des Tierpsychologen gewinnt daher heutzutage immer mehr an Bedeutung. Menschen leben auf immer engerem Raum mit ihren Haustieren zusammen. Die Natur und das natürliche Verständnis für ein Tier werden jedoch gerade in den Städten in den Hintergrund gedrängt, womit Verhaltensauffälligkeiten vorprogrammiert sind. Gerade Wohnungskatzen können sich Stress nicht einfach entziehen wie Freigänger-Katzen, die nach draußen können, wenn es ihnen zu viel wird. Sie haben häufig zu wenig Abwechslung, können auf Veränderungen nicht flexibel reagieren und sind völlig von ihrem Menschen abhängig. Oftmals erkennt ein Katzenhalter gar nicht, dass eine für ihn ganz alltägliche und unbedeutende Situation oder Veränderung für die Katze ein echtes Problem darstellt und sie völlig aus dem Gleichgewicht bringen kann.

Ein Tierverhaltensberater kann helfen, das Verständnis zwischen Mensch und Katze zu verbessern. Da die meisten Halter die Sprache und Ausdrucksweise ihrer Katzen nicht verstehen, diese sich aber nicht anders verständlich machen können, fungiert ein Tierpsychologe als eine Art Übersetzer und Vermittler zwischen beiden Seiten. Er kennt die Verhaltensweisen der Katze und kann sie dem Halter näher erläutern. Er muss auch in der Lage sein, zu erkennen, ob es einfach ein artgemäßes Verhalten ist, ob gesundheitliche Ursachen vorliegen könnten oder ob es sich um eine echte Verhaltensauffälligkeit handelt und welche Auslöser es dafür geben könnte.

Verhaltensauffälligkeiten können vom Tierpsychologen erkannt, enträtselt und mit den entsprechenden Maßnahmen therapiert werden. Ein gewisser detektivischer Spürsinn ist dabei zum Erkennen der Ursachen und Hintergründe eines auffälligen Verhaltens ebenso wichtig wie ein besonderes Einfühlungsvermögen sowie Verantwortungsgefühl.

In unserer hoch entwickelten westlichen Gesellschaft ist es zum Glück nicht mehr unbedingt üblich, Problemkatzen einfach abzuschaffen, wie das in der Vergangenheit der Fall war. Der Mensch fühlt sich mit seiner Katze verbunden und sowohl für ihr physisches Wohlbefinden als auch ihre emotionale Zufriedenheit verantwortlich. Daher sind immer mehr Katzenhalter bereit, einen wesentlichen Einsatz an Zeit, Energie und auch an Geld zu leisten, um sich bei Verhaltensauffälligkeiten Hilfe zu holen, bevor sie für die Katze ein neues Zuhause oder das Tierheim in Betracht ziehen.

Eine Verhaltenstherapie kann also nicht nur dem Halter das Leben mit der Katze erleichtern und seine Beziehung zu ihr verbessern, sondern manchmal ist sie sogar die einzige Alternative zu diesen drastischen Maßnahmen.

Ein Tiertherapeut hat es zum Teil mit stark verhaltensauffälligen oder misshandelten Katzen zu tun, die erst wieder neues Vertrauen in den Menschen bekommen müssen. Eine verhaltensauffällige

Katze kann für ihren Halter zu einer großen Belastung werden, und häufig ist der Tierpsychologe die einzige Möglichkeit, die Situation wieder in den Griff zu bekommen. Er hilft Haltern, sich über die Bedürfnisse ihrer Katze klar zu werden und entsprechend zu handeln. Er schafft Verständnis für das Verhalten und die Reaktion der Katze und zeigt dem Halter auf, wie er selbst auf das störende Verhalten Einfluss nehmen kann.

Je länger ein auffälliges Verhalten bereits besteht, umso schwieriger ist es, die Ursache oder den Auslöser herauszufinden, da die Erinnerung des Katzenhalters an die Umstände des ersten Auftretens nicht mehr wirklich ausreichend ist. Außerdem hat sich das Verhalten dann auch schon in einer gewissen Weise verselbstständigt beziehungsweise automatisiert. Trotzdem ist es meiner Meinung nach nie zu spät.

Ein Tierpsychologe ist zudem Ansprechpartner in prophylaktischen Fragen, wie beispielsweise Anschaffung, Haltungsbedingungen, Urlaub, Umzug, Gestaltung der Eingewöhnung einer Katze, Vorgehen bei Tierheimkatzen oder bei der Aufnahme einer weiteren Katze in den Haushalt. Er arbeitet nicht direkt mit der Katze selbst, sondern der Katzenhalter ist sein Informant und wird zur Korrektur einer unerwünschten Verhaltensweise mit in die Arbeit einbezogen. Er ist praktisch das Bindeglied zwischen Katze und Therapeut.

Eine der wichtigsten Aufgaben eines Tierpsychologen gemeinsam mit dem Katzenhalter ist die genaue Definition des Problems sowie seine Klassifizierung und die Ermittlung der Ursache. Erst danach kann die Therapie erfolgen. Mit seiner Erfahrung fällt es dem Tierpsychologen leicht, sich in die Katze, aber auch in den Katzenhalter hineinzudenken und hineinzuversetzen sowie praktikable Möglichkeiten zu erarbeiten. Dem Verhaltenstherapeuten stehen dafür als Werkzeuge keine Instrumente oder Apparate, sondern sein erlerntes Wissen zur Verfügung.

Gerade in der Tierpsychologie spielen die Kommunikation mit dem Katzenhalter sowie der Vorbericht eine entscheidende Rolle, weil dies in der Regel die einzigen Informationen sind, auf denen dann alle weiteren Maßnahmen der Diagnostik und der Therapie-empfehlungen aufbauen. Der Halter beschreibt das zu therapierende Verhalten der Katze und tut meist auch gleich seine entsprechende Einschätzung kund, die nicht immer unbedingt richtig ist. In manchen Fällen kann auch die Diagnose und Einschätzung durch einen Tierarzt notwendig sein, beispielsweise wenn die Verhaltensauffälligkeit die Folge einer Erkrankung oder körperlicher Beschwerden ist. Umgekehrt können auch in manchen Fällen emotionale Probleme der Katze wiederum körperliche Probleme auslösen und zu Erkrankungen führen.

Erwartungen des Katzenhalters

Ein Tiertherapeut versucht, alle Symptome der Katze und die Umstände zueinander in Beziehung zu setzen sowie die aktuelle Lebenssituation der Katze zu erfassen und Aufschluss über das individuelle Programm der Katze zur Stressbewältigung zu gewinnen. Er sollte dabei sämtliche Symptome, Thematiken und Vorkommnisse mit einbeziehen und sich nicht nur auf das Hauptproblem konzentrieren. Schließlich gehört alles mit zu dem Tier und muss daher berücksichtigt werden, um ganzheitlich agieren zu können. Manchmal zieht jedoch auch die Beseitigung eines Problembereiches die Verbesserung eines anderen einfach nach sich.

Der Katzenhalter erwartet zu Recht eine Diagnose oder eine fundierte Beurteilung des Problems, Erklärungen, warum die Katze sich so verhält und was sie damit ausdrücken möchte, sowie eine Darstellung der Therapiemöglichkeiten mit detaillierten Anweisungen über das weitere Vorgehen.

Der Austausch mit dem Katzenhalter ist der entscheidende Part, um das Problem kennenzulernen, beurteilen und lösen zu können. Nur die richtigen Fragen erzeugen die richtigen und damit aufschlussreichen Antworten. Darum sind Art und Form der Fragen eine wichtige Voraussetzung für den Erfolg des Austausches. So sollten Fragen nicht suggestiv gestellt werden, damit der Katzenhalter einigen Spielraum behält und die Möglichkeit hat, auch Informationen zu geben, die bei der Fragestellung ursprünglich nicht einkalkuliert worden waren. Ich persönlich halte daher gar nichts

von vorgefertigten Fragebögen zum Ankreuzen. Dabei geht die Individualität verloren und Wichtiges wird gar nicht mit einbezogen. Dem Katzenhalter fällt dann gar nicht mehr ein, dass es auch noch andere Aspekte, wie Charaktereigenschaften, Vorlieben etc. gibt, weil diese nicht zur Auswahl standen.
Es gilt auch, eindeutig festzuhalten, was der Katzenhalter letztlich erreichen möchte und ob dieses Ziel realistisch ist. Aus zwei sich bekämpfenden Katzen kann man keine dicke Freundschaft machen, wohl aber ein harmonisches Miteinander, bei dem jede die andere akzeptiert.

Der Ablauf einer Beratung

Der Ablauf einer Verhaltensberatung kann sehr individuell gestaltet werden. Eigene Praxisräume müssen dafür nicht zur Verfügung stehen, sondern der Tiertherapeut kann die Katze in ihrer gewohnten Umgebung besuchen, zumal eine fremde Umgebung die Katze zusätzlich verunsichern und unnötig stressen würde. Gerade bei der Therapie von Katzen ist es aber auch durchaus üblich, ausführliche Konsultationen per Telefon oder schriftlich per E-Mail oder Brief durchzuführen, zumal dies dabei hilft, sich auf das Wesentliche zu beschränken. Im persönlichen Gespräch wird öfter abgeschweift, was sehr zeitintensiv werden kann, zumal dabei häufig der Überblick verloren geht. Der Tierpsychologe wird sich gegebenenfalls auch im direkten Kontakt weniger gut konzentrieren können, da er doch ziemlich durch die verschiedenen Eindrücke sowie eventuelle Störungen abgelenkt wird. Die Katze wird das auffällige Verhalten außerdem nicht gerade während seiner Anwesenheit zeigen und wenn, hilft dies nicht unbedingt weiter. Trotzdem gibt es natürlich viele Tierpsychologen, die Hausbesuche machen, was absolut in Ordnung ist.
Wichtig ist die Anamnese, die durch einen sehr umfangreichen Fragenkatalog erhoben werden kann, der speziell für jeden einzelnen Fall erstellt werden sollte, da jede Katze ein Individuum ist, ihre eigene Persönlichkeit hat, und kein Fall mit einem anderen identisch ist. Die genauen Hintergründe müssen ermittelt werden,

denn es gibt nie die gleichen Ursachen und Umstände, auch wenn die Verhaltensauffälligkeit die Gleiche ist. Es gibt einfach kein Patentrezept, auch wenn sich viele Katzenhalter dies wünschen. Darum ist es auch nicht möglich, mal eben so von jetzt auf gleich eine Diagnose zu stellen und die entsprechende Therapie zu benennen. Ohne eine genaue und detaillierte Analyse wäre das unverantwortlich und unprofessionell.

Beim Beantworten des Fragenkatalogs ist die volle Mitarbeit und Unterstützung des Katzenhalters gefragt, denn er muss sich die Zeit nehmen, alle Fragen so genau und ausführlich wie möglich zu beantworten. Manchmal fällt ihm durch diese intensive Auseinandersetzung ganz spontan noch etwas Wichtiges ein, was in Vergessenheit geraten war. Der Tierpsychologe ist auf alle Informationen angewiesen, denn jede kann wichtig sein, um sich ein genaues Bild machen zu können und dem Auslöser auf die Spur zu kommen. Hierbei sind Einfühlungsvermögen und Intuition gefragt. Nur durch geschicktes Hinterfragen, auch, was der Katzenhalter mit bestimmten Formulierungen meint oder was er worunter versteht, kann ein objektiver Eindruck entstehen und eine Fehlinterpretation aufgedeckt werden.

Schon bei der ersten Kontaktaufnahme durch den Katzenhalter, telefonisch oder schriftlich, sollte sich der Tierpsychologe genaue Notizen machen. Wenn es noch andere Familienmitglieder oder andere Katzen beziehungsweise Haustiere gibt, ist das Verhältnis der betreffenden Katze zu ihnen in den Fragenkatalog mit aufzunehmen, denn schließlich kann es an einer gestörten Beziehung zu einem Mitbewohner liegen. Manchmal können die Wohnverhältnisse wichtig sein (Haus, Garten, welche Etage, wie viele Räume, Balkon/Terrasse, Fensterausblick wohin). Das hat nichts mit Neugier zu tun, sondern dient einfach dazu, sich einen Eindruck vom Lebensumfeld der Katze machen zu können. Es sollte auch bereits eingangs immer danach gefragt werden, ob der Tierarzt körperliche Ursachen ausschließen konnte und ob es kürzlich Erkrankungen gegeben hat.

Der Ablauf

- Schilderung des Problems durch den Katzenhalter (meistens direkt bei der ersten Kontaktaufnahme am Telefon, per E-Mail oder Brief).
- Anamnese in Form eines Fragenkatalogs durch den Tierpsychologen und Beantwortung der Fragen durch den Katzenhalter (schriftlich oder im direkten Gespräch).
- Auswertung und Analyse der Antworten mit anschließender Diagnosestellung durch den Tierpsychologen.
- Ausarbeitung des entsprechenden Therapieplans durch den Tierpsychologen (in schriftlicher Form zur besseren Erinnerung).
- Austausch über Erfahrungen, Fortschritte (telefonisch oder per E-Mail).
- Bei ausbleibendem Erfolg die Therapie nach Einholung von Nachfolgeinformationen modifizieren.

Wie viel Zeit für die einzelnen Schritte benötigt wird, ist von Therapeut zu Therapeut unterschiedlich und hängt auch von der Komplexität der Thematik, dem Erkennen des Auslösers sowie der Anzahl der Therapie-Empfehlungen ab. Das ist in jedem Fall ganz individuell. Ein Tierpsychologe setzt sein Honorar nach Stundensätzen fest oder bietet eine Pauschale für die gesamte Therapie an.

Die Anamnese

Die Anamnese liefert die Informationen für die Diagnose und die sich daraus ergebenden therapeutischen Möglichkeiten:

- Vorgeschichte der Katze
- augenblickliches Problemverhalten
- Veränderungen im Umfeld der Katze in letzter Zeit
- Findung des möglichen Auslösers
- gemachte Beobachtungen des Katzenhalters
- wichtige Informationen des Katzenhalters.

Durch das strukturierte Befragen sowie das Auswerten der Antworten kann sich der Tierpsychologe ein genaues Bild der Situation sowie des auffälligen Verhaltens machen und seine Ursachen sowie die auslösenden Reize bestimmen.

Diese ganzheitliche Vorgehensweise kann sich bei der Katze jedoch als etwas schwierig erweisen. Anders als Hundehalter wissen Katzenhalter oftmals gar nicht, was ihre Katze den ganzen Tag über tut, vor allem, wenn sie berufstätig sind oder es sich um einen Freigänger handelt. Folglich führen manche Fragen ins Leere, und es bleibt nichts anderes übrig, als die Einzelteile einer bruchstückhaften Geschichte zusammenzusetzen. Das Gleiche gilt, wenn über die Vorgeschichte des Tieres nichts Genaues bekannt ist, wie bei einer zugelaufenen, gefundenen oder Tierheimkatze. Der Schlüssel zur Therapie von Verhaltensauffälligkeiten liegt natürlich darin, ein möglichst genaues Bild der Vorgeschichte zu bekommen. Wenn dies aber nicht möglich ist, funktioniert es allerdings auch ohne.

Im Idealfall sollten alle Familienmitglieder in die Anamnese und natürlich später auch in die Therapie mit einbezogen werden. Jeder kann eine leicht andere Auffassung des Problems haben, andere Beobachtungen und Erfahrungen gemacht haben, und jeder Blickwinkel kann für die Vervollständigung des Gesamtbildes entscheidend sein. Das kann auch dazu beitragen, mögliche Zusammenhänge zwischen Spannungen innerhalb der Familie und dem Problem der Katze zu erkennen, denn Katzen reagieren extrem sensibel auf ihre Umgebung. Auch hier geht es wieder nicht um Neugier, sondern einfach um Ehrlichkeit, dem Tier zuliebe.

Es ist wichtig, dass dem Katzenhalter klar ist, dass Fragen einfach nur dazu dienen, bestimmte Ursachen auszuschließen und er darum alle so detailliert und genau wie möglich beantworten sollte. Ehrlichkeit, Offenheit und nichts Elementares zu verschweigen, sind dabei äußerst wichtig, denn sonst kann unter Umständen der Katze nicht geholfen werden. Dies sollte jedoch im Vordergrund stehen. In der Regel sind die guten Tierpsychologen auch mit der menschlichen Psychologie vertraut, sodass sie jede vertrauliche oder sogar intime Information auch entsprechend behandeln und damit umzugehen wissen.

Ich habe da schon einige sehr persönliche Geschichten zu hören bekommen und bin jedes Mal beeindruckt, wie deutlich die Katzen diese Schwingungen mitbekommen und unter Umständen sehr sensibel darauf reagieren.

Mit einem Schmunzeln erlebe ich auch immer wieder, dass die folgende Frage, die sich auf mehrere Katzen im Haushalt bezieht, falsch verstanden wird: „Bitte beschreiben Sie ihren Charakter. Welche Eigenschaften, Eigenarten, Vorlieben, Abneigungen haben sie?“ Diese Frage beziehen manche Halter irrtümlich auf sich selbst und gewähren mir dann einen Einblick in ihr Seelenleben. Dieses Vertrauen schmeichelt mir zwar, gibt mir aber leider keinen Aufschluss über die Persönlichkeit der Katzen, die eigentlich gemeint waren und schließlich die Hauptdarsteller sind.

Der Therapieplan

Manchmal widerstrebt es dem Katzenhalter, Ratschläge zu befolgen, insbesondere, wenn sie darin bestehen, dass er etwas ändern soll. Ihm sollte jedoch klar sein, dass ein veränderter Umgang mit seiner Katze ihr Verhalten wesentlich beeinflusst. Da der Katzenhalter der entscheidende Faktor bei der Verminderung von Verhaltensauffälligkeiten ist, sollten alle Absprachen mit ihm klar und unmissverständlich sein.
Manche Katzenhalter neigen dazu, einige Anweisungen und Empfehlungen einfach zu vergessen. Generell gilt, dass mit der Menge der Informationen auch der Grad der Vergesslichkeit steigt. Um diese Gefahr zu verringern, sollten dem Katzenhalter sämtliche Empfehlungen immer in schriftlicher Form in einem Therapieplan übermittelt werden. Auf diese Weise kann er sich in Ruhe immer wieder alles durchlesen und nachhaken, wenn ihm etwas unklar ist. Nur durch leicht verständliche Anweisungen kann erreicht werden, dass keine wichtigen Empfehlungen vergessen oder falsch verstanden werden.
Es sollte dabei möglichst auch darauf hingewiesen werden, welche Konsequenzen und Auswirkungen eine Abweichung oder Nichtbeachtung des Therapiekonzepts für die Katze haben kann. Dem Katzenhalter sollte genau vermittelt werden, warum die Katze sich so verhält und wie wichtig eine Veränderung für sie ist, um ihr Verhalten ändern zu können. Mein Ziel ist es immer, die Katze dabei zu unterstützen, dieses Verhalten von sich aus gar nicht mehr

zu brauchen und einfach gar nicht mehr das Bedürfnis zu haben, mit diesem Verhalten etwas Bestimmtes zu kompensieren.

Kleine Schritte, viel Geduld und ein gutes Einfühlungsvermögen sind ganz wichtig, damit der Katzenhalter die Therapie positiv begleiten und unterstützen kann. Ansonsten kann es sogar zu einem Rückfall kommen und damit zu einem neuen Auftreten des auffälligen Verhaltens. Die Frage, wie lange es denn dauere, höre ich häufig, aber sie lässt sich selbstverständlich nicht beantworten, weil einfach jedes Tier anders reagiert und individuell auf eine Therapie anspricht. Wir haben es mit Lebewesen zu tun, und da gibt es keine Verallgemeinerungen.

Der Erfolg einer tierpsychologischen Beratung und Therapie kann nicht garantiert werden. Auch kein Arzt oder Humanpsychologe kann die Garantie geben, dass er den Patienten heilen kann, denn jedes Individuum reagiert anders. Lebewesen sind einfach nicht berechenbar. Allerdings ist der Behandlungserfolg bei einer korrekt durchgeführten Therapie sehr hoch und eine entscheidende Verbesserung eigentlich immer zu erreichen.

Jede Katze, die nicht abgegeben wird, in ein Tierheim muss oder womöglich „entsorgt" wird, ist die Mühe wert. Die größte Belohnung und Motivation für einen Tierpsychologen ist es, wenn Halter und Katze wieder stressfrei zusammenleben, die Katze nicht mehr leidet und ihr Halter zufrieden ist. Harmonie und Wohlbefinden im gemeinsamen Heim – das ist das Ziel!

Vorbeugung von Verhaltensauffälligkeiten

Die beste und vor allem sicherste Methode, Verhaltensauffälligkeiten zu beseitigen ist, sie gar nicht erst entstehen zu lassen. Die meisten Verhaltensauffälligkeiten wären sogar zu verhindern, wenn der Halter die Bedürfnisse sowie das normale Verhalten seiner Katze genau kennen und sich bei Veränderungen im Umfeld der Katze oder in der Alltagsroutine bereits im Vorfeld überlegen würde, wie er seine Katze einfühlsam unterstützen kann, um ihr die Umstellung zu erleichtern. Auch genaues und regelmäßiges Beobachten der Katze sowie der intensive Kontakt mit ihr sind wichtige Voraussetzungen, um Irritationen sofort zu erkennen und möglichst im Keim ersticken zu können.

Eine passende Katze auswählen

Vorbeugung beginnt bereits mit der Auswahl eines Jungtieres. Im Idealfall sollten die Elterntiere bekannt sein oder wenigstens ihre besonderen Verhaltenseigenheiten. Auch die Beobachtung des Spiels der Geschwistertiere untereinander, die Reaktion auf Geräusche, Spielzeug und Berührung geben Auskunft. Katzen, die ängstlich und abwehrend fauchen, und solche, die sofort panisch flüchten, sind wahrscheinlich extrem unsicher sowie leicht erregbar, was ihre Anpassungsfähigkeit behindert oder sie sogar neurotisch werden lässt. Das zukünftige Verhalten einer kleinen Katze kann manchmal ziemlich zuverlässig eingeschätzt werden, indem man sich die Sozialisierungsbedingungen, unter denen sie aufgewachsen ist, genau anschaut.
Bei einer erwachsenen Katze ist dagegen ihre bereits fertig ausgebildete Persönlichkeit besser erkennbar als bei einem Jungtier, was eher für eine ausgewachsene Katze aus dem Tierheim spricht. Diese sollte jedoch auf jeden Fall gut sozialisiert und Menschen gewöhnt sein. Natürlich ist es einerseits lobenswert, einer ursprüng-

lich wild aufgewachsenen Katze aus dem Tierheim ein neues Zuhause geben zu wollen, aber in solchen Fällen ist natürlich eher mit Haltungsschwierigkeiten zu rechnen.

Bei der geplanten Anschaffung einer weiteren Katze werde ich immer wieder gefragt, welche Katze man wählen soll, damit beide sich auch vertragen. Es tut mir wirklich leid, aber es gibt leider auch hier keine Patentlösung. Die Persönlichkeit und der Charakter sollten zusammenpassen, was aber nicht bedeutet, dass sich beide Katzen zu ähnlich sein dürfen. Bei zwei dominanten Tieren kommt es sonst ständig zu Kämpfen und Auseinandersetzungen. Bei zwei ängstlichen Katzen kommt es zu ständigem Fauchen, Verkriechen und permanenter Anspannung, die sich sogar in einer Angstaggression äußern kann. Aber auch Gegensätze eignen sich nicht wirklich. Bei einer dominanten und einer ängstlichen Katze steht die Unterlegene unter Dauerstress und hat keinerlei Lebensqualität. Sie fordert sogar oftmals unbewusst das Mobbing regelrecht heraus, weil sie ein williges Opfer darstellt.

Zu einer dominanten Katze passt eine souveräne, ausgeglichene, die ihre Grenzen deutlich aufzeigt, wenn es sein muss, und sich nicht alles gefallen lässt, ohne dabei selbst auf Konfrontation aus zu sein. Wichtig ist, dass möglichst beide Katzen sehr gut sozialisiert sind, den Umgang mit anderen gewohnt und keine Einzelgänger sind. Sie sollten lange genug mit Mutter und Geschwistern in einer entspannten und positiven Atmosphäre zusammengelebt haben, um die Katzensprache und den richtigen Umgang untereinander zu lernen. Eine positive oder negative Prägung in den ersten Lebenswochen und -monaten begleitet sie durch ihr gesamtes Katzenleben.

Wichtig ist aber auch, dass sie in dieser Phase einen entsprechend positiven Kontakt mit Menschen hatten. Sind beide Katzen jedoch sehr menschenbezogen, kann es wiederum zu Eifersucht kommen. Sind beide dagegen reine Spielkatzen und eher auf Artgenossen fixiert, kommt der Mensch zu kurz.

Auch die Thematik des Alters spielt eine große Rolle. Die meisten älteren Katzen wollen einen ruhigen Lebensabend genießen und fühlen sich durch ein lebhaftes Kitten permanent gestört. Das führt dazu, dass beide Katzen frustriert sind. Die ältere, weil sie keine Ruhe findet, die junge, weil sie sich nicht ausleben kann und niemanden zum Spielen hat. Es gibt allerdings auch Senioren, die durch einen jungen Hüpfer selbst noch einmal jung werden und gerne mit ihm herumtollen. Sie nehmen ihn unter ihre Fittiche, um ihn aufs Leben vorzubereiten. Zwei erwachsene Tiere zusammenzuführen, ist selbstverständlich auch nicht einfach, da beide ihre Eigenarten entwickelt haben und nicht mehr so anpassungsbereit sind wie ein Jungtier.

Auch bei der Auswahl des Geschlechts gibt es vieles zu berücksichtigen. Einerseits könnte man sagen, gleich und gleich gesellt sich gern. Genau das kann aber auch in Rivalität ausarten. Andererseits sind Kater den weiblichen Katzen körperlich überlegen und bevorzugen zudem häufig rabaukenhafte Sozialspiele, während Kätzinnen sich lieber mit Objektspielen beschäftigen. Katzenmädchen untereinander können sich gut verstehen, aber es kann ebenso in einen Zickenkrieg ausarten.

Bei Rassekatzen sollte man keine zu konträren Kombinationen wählen. Ein zierlicher Orientale, der zudem sehr aktiv ist, ist einer großen Rasse wie einer Maine Coon oder einer Britisch Kurzhaar körperlich beim Toben gar nicht gewachsen und kann sich daher permanent bedroht fühlen. Auch das Temperament spielt eine Rolle, denn umgekehrt kann eine zarte, aber sehr aktive Siam eine bedächtige Perserkatze mit ihrem Temperament zur Verzweiflung bringen.

Ganz egal, ob man theoretisch alle Empfehlungen berücksichtigt oder nicht, praktisch entscheiden die Katzen, ob sie sich mögen oder nicht. Katzen sind individuelle Geschöpfe und einfach nicht berechenbar. Das ist genau wie bei uns Menschen. Der eine ist uns auf Anhieb sehr sympathisch, einen anderen können wir halbwegs akzeptieren und einen weiteren lehnen wir kategorisch ab und können ihn nicht ausstehen. Ich weiß, dass ich jetzt wieder einmal viele Katzenhalter enttäuschen muss, aber das ist nun einmal die Wahrheit. Andere schlaue Ratgeber, die angeblich die genau richtigen Paarungen verraten, bewirken nur, dass ich neue Klienten bekomme, die völlig am Boden zerstört sind und berich-

ten, dass sie doch extra genau nach dem Buch einen Partner ausgewählt und alles berücksichtigt hätten, aber es trotzdem nicht funktioniere.
Noch einmal in aller Deutlichkeit: Lebewesen sind individuell vollkommen unterschiedlich, lassen sich in keine Schublade stecken und sind nicht genau einschätzbar. Hier darf man ruhig vermenschlichen, um sich in eine Katze einfühlen und sie verstehen zu können. Man muss wirklich „die Katze im Sack kaufen" und erst, wenn man es darauf ankommen lässt, wird man erfahren, ob es zwischen beiden funktioniert oder nicht. Dann gibt es jedoch Möglichkeiten unterstützend einzuwirken. Es kommt allerdings immer darauf an, wie die bisherige Katze reagiert. Ist sie aggressiv, verunsichert, ängstlich, zieht sie sich zurück, greift sie an, kontrolliert sie die andere unablässig, geht sie plötzlich ihren Menschen aus dem Weg, frisst sie nicht mehr oder verstärkt, wird sie unsauber? Sie muss dann genau dort und in der Weise, wie sie es braucht, unterstützt werden, um sich mit den neuen Lebensumständen besser arrangieren zu können. Darum ist jede Therapie einzigartig und nur auf diese eine Katze abgestimmt.

Von Anfang an alles berücksichtigen

Die Erziehung einer Katze, um sie mit den Regeln in ihrem neuen Heim bekannt zu machen, beginnt mit dem ersten Tag der Eingewöhnung. Der Katze werden alle Schlaf-, Futter-, Toiletten- und Kratzplätze gezeigt, die sorgfältig so platziert wurden, dass sie störungsfrei sind und den Bedürfnissen der Katze entsprechen. Ihr wird regelmäßig vermittelt, welches Verhalten erwünscht und welches unerwünscht ist, indem Lob und Belohnung beziehungsweise Ignorieren und Anbieten einer Alternative oder aber Ablenkung praktiziert werden. Das alles muss konsequent und ohne jede Ausnahme geschehen sowie in einer Art und Weise, die die Katze verstehen und akzeptieren kann. Ebenso wichtig ist es, sie rücksichtsvoll und ohne sie zu überfordern mit vielen neuen sowie fremden Eindrücken und Reizen zu konfrontieren und vertraut zu machen, sodass sie lernt, souverän mit allen Herausforderungen umzugehen. Der Katze werden zwar eine zuverlässige Alltagsroutine und viele gewohnte Abläufe geboten, aber zwischendurch immer auch mal wieder kleine Änderungen, sodass sie Flexibilität lernt. Das ist wichtig, damit sie sich nicht bei einer notwendigen Veränderung sofort überfordert fühlt.

Bei allem ist auf die allgemeinen Bedürfnisse und Ansprüche der Katze sowie auf ihre speziellen zu achten. Diese sollten möglichst immer berücksichtigt werden. Was hat sie für Vorlieben? Was ist ihr wichtig? Was ist ihr eher unangenehm? An alles muss die Katze einfühlsam herangeführt werden. Es darf keinen Druck, keinen Zwang und keine direkte harte Bestrafung geben. Der Umgang mit der Katze muss liebevoll und artgerecht sein, wozu auch die richtige Art der Kontaktaufnahme zählt.

Katzen lieben in der Regel Futter, Wärme, aufmerksame Zuwendung, Gesellschaft, Streicheln und Spielen. Sie mögen dagegen keine lauten Geräusche, hastigen Bewegungen, ein direktes Auf-sie-Zulaufen, Anstarren, Anpusten, Kälte und Wasser. Viele wollen nicht auf den Arm genommen werden, während andere dies schätzen. Es ist sehr nützlich, diese und auch andere individuelle Vorlieben und Abneigungen seiner Katze genau zu kennen und darauf Rücksicht zu nehmen.

Auf diese Weise lernt der Mensch mit der Zeit immer besser, sich in seine Katze einzufühlen und zu erkennen, was in ihr vorgeht oder was sie ihm vermitteln möchte. Dazu ist es hilfreich, die Körpersprache der Katze zu kennen. Soll die Katze ein bestimmtes Verhalten erlernen oder tut sie sich mit etwas schwer, muss geduldig und langsam mit ihr geübt werden. Leises, liebevolles, gutes Zureden kann dabei sehr hilfreich sein. Sicherheit und Geschwindigkeit eines Lernerfolges hängen von der jeweils angewendeten Methode sowie der vermittelten Motivation durch den Halter ab.

Es ist dafür zu sorgen, dass die Katze möglichst von Anfang an positiv lernen kann und keinerlei schlechte Erfahrungen macht. Regelmäßige Kommunikation, Aufmerksamkeit, Pflege, zuverlässige Versorgung und Zuwendung sind die wichtigsten Voraussetzungen für ein harmonisches Miteinander. Tägliche Streicheleinheiten,

Leckerbissen und vor allem regelmäßiges Spielen festigen und bereichern die Beziehung zwischen Mensch und Katze.

Es geht immer darum, die Lebensqualität einer Katze zu erhöhen beziehungsweise zu verbessern. Dazu gehört, ihre elementaren Bedürfnisse zu befriedigen, wie hochwertiges Futter, jederzeit frisches Wasser, eine saubere Katzentoilette, Kratzbaum und Kratzgelegenheiten, regelmäßige Fellpflege sowie das Ausschalten sämtlicher Gefahrenquellen. Darüber hinaus sind die artgerechten Ansprüche zu erfüllen, wie Sozialkontakte, das Einbeziehen in das Familienleben, hoch gelegene Ruheplätze, ruhige Schlafplätze, ausreichend Versteck- und Rückzugsmöglichkeiten, gemütliche Aussichtsplätze nach draußen, frische Luft durch gesicherte Fenster oder einen abgesicherten Balkon. Außerdem brauchen Katzen Abwechslung, neue positive Reize, eine Förderung ihrer Intelligenz durch entsprechende Anregungen, eine artgerechte Beschäftigung, möglichst einen Artgenossen sowie regelmäßiges Spiel mit ihrem Menschen. Zusätzlich gibt es noch individuelle charaktertypische Ansprüche und Vorlieben, die berücksichtigt werden sollten.
Die Wohnung ist zudem katzengerecht zu gestalten. Gerade bei Wohnungskatzen und Einzelkatzen ist es wichtig, dass sie während der Zeit des Alleinseins möglichst viele Beschäftigungsmöglichkeiten, Schlupfwinkel und Klettermöglichkeiten haben. Im Anschluss daran braucht die Katze natürlich besonders viel Aufmerksamkeit, Zuwendung und das Spiel mit dem Halter. Dabei ist gerade interaktives Spielen sehr wichtig, um die aufgestaute Triebenergie abbauen zu können. Es ist bei einer Einzelkatze zu erwägen, ob ihr nicht ein Artgenosse als Spielkamerad zur Seite gestellt wird, damit sie ihr Kontaktbedürfnis ausleben kann und nicht unter Einsamkeit und Langeweile leidet. Dabei ist natürlich zu berücksichtigen, dass die Tiere gut zueinander passen. Bei der Eingewöhnung sind alle geltenden Regeln zu beachten und einzuhalten. Auch hierzu finden Sie viele hilfreiche Informationen in meinem Buch *Coaching für Katzenhalter*.

Das sollte vermieden werden

Die Katze darf niemals zu etwas gezwungen oder an einem Tag für etwas bestraft werden, was zwischendurch gestattet ist oder wofür sie sogar belohnt wurde, und sei es durch Aufmerksamkeit. Ein derartiges Verhalten des Menschen würde eine Verunsicherung der Katze und damit neurotische Reaktionen geradezu herausfordern. Es gibt auch viele „Unarten", wie beispielsweise das Betteln bei Tisch, zu deren Entstehung gedankenloses menschliches Verhalten ursächlich beigetragen hat.
Besonders Stressfaktoren und -situationen sind zu vermeiden beziehungsweise wieder abzustellen. Bei unvermeidlichen Veränderungen, Aktionen, dem Aufgeben von Gewohnheiten und Ähnlichem muss die Katze ausreichend vorbereitet oder begleitet werden. Bei allen Veränderungen ist zu bedenken, welche Auswirkungen sie auf die Katze haben können oder wie es auf sie wirken und wie sie darauf reagieren könnte.

Falsche Erwartungshaltungen

Durch genaues Beobachten und regelmäßige Beschäftigung mit der Katze lernt der Halter mit der Zeit, sich in sie einzufühlen und ihr Verhalten nachzuvollziehen. Er kann sich dann in sie hineinversetzen, wobei zu beachten ist, dass ihr keine menschlichen Eigenschaften unterstellt werden. Menschliche Moralvorstellungen, Wertigkeiten, Beweggründe, Reaktionsweisen, Absichten, Vergeltungsmaßnahmen, Unaufrichtigkeit sowie Provokation sind der Katze fremd. Es geht darum, die Katze richtig verstehen zu lernen. Alles, was der Mensch versteht, verurteilt er nicht. Die Katze versucht das umgekehrt genauso. Durch Beobachtung des Menschen, seiner Aktivitäten und seines Verhaltens versucht sie sich in die Lebensgemeinschaft einzufügen und anzupassen. Natürlich kann sie dabei jedoch ihre kätzische Herkunft nicht verleugnen.
Überzogene, falsche Erwartungen eines Katzenhalters führen oftmals zu Problemen mit der Katze, denn zumindest wird ihr Verhalten subjektiv als auffällig oder unerwünscht empfunden. Manch-

mal muss jedoch ein artgerechtes Verhalten, wie das Kratzen an aus menschlicher Sicht nicht angebrachten Stellen, lediglich in andere Bahnen gelenkt werden.
Zudem ist jede Katze anders und hat ihre eigene Persönlichkeit. Sie muss von vornherein zu den eigenen Vorstellungen passen, denn sonst sind Unstimmigkeiten vorprogrammiert. Eine distanzierte Katze leidet, wenn sie ständig belästigt und zum Schmusen aufgefordert wird. Da passen die menschlichen und die kätzischen Vorlieben definitiv nicht zusammen. Das sollte bereits bei der Auswahl berücksichtigt werden.
Zudem erlebe ich es immer wieder, wie schwer eine Katze es hat, es ihrem Menschen recht zu machen. Die eine Katzenhalterin klagt, ihre Katze sei zu eigenständig und wolle kaum schmusen oder gestreichelt werden. Eine andere dagegen beklagt sich darüber, dass ihre Katze zu anhänglich und aufdringlich sei, sie überall hin verfolge und ständig Aufmerksamkeit wolle. Die eine sehnt sich danach, dass ihre Katze auf den Schoß kommt, die andere fühlt sich dadurch belästigt.
Wie bei der menschlichen Partnerwahl muss also unbedingt darauf geachtet werden, vom Wesen her zusammenzupassen, um sich miteinander wohlzufühlen und damit beide Seiten eine Befriedigung ihrer Bedürfnisse erfahren.

Selbst erzeugte Probleme

Dann gibt es noch die hausgemachten Probleme, zu deren Entstehung der Katzenhalter selbst beigetragen hat. Zwei Katzenhalterinnen riefen mich an, die miteinander befreundet waren und plötzlich erkannt hatten, dass sie beide einen großen Fehler gemacht hatten. Ihre Katzen fraßen nur aus ihrer Hand, was sie ihnen regelrecht antrainiert hatten. Natürlich birgt diese Vorgehensweise eine sehr große Gefahr. Was ist, wenn eine von ihnen mal ins Krankenhaus muss oder einfach Urlaub machen möchte? Genau das war ihnen plötzlich klar geworden, als sie feststellen mussten, dass ihre Katzen nichts fraßen, wenn sie Futter vor sie hinstellten oder -legten. Etwas, das anerzogen wurde, kann man wieder umerziehen.

Allerdings funktioniert das nicht von heute auf morgen, sondern nur schrittweise. Darum sollte man sich im Vorfeld genau überlegen, was einem Tier schadet und was ihm nutzt.
Das Gleiche gilt für das Betteln am Tisch. Was anfangs niedlich wirkte, wird irgendwann lästig und unerträglich. Gewisse Regeln sollten von Anfang an aufgestellt und konsequent befolgt werden. Eine Katze, die nie am Tisch gefüttert oder niemals menschliche Nahrung bekommen hat, kommt gar nicht auf die Idee, zu betteln.

Rechtzeitig professionelle Hilfe suchen

Tritt aus unerklärlichen Gründen doch einmal eine Verhaltensauffälligkeit bei der Katze auf, die der Halter nicht deuten kann, sollte er unverzüglich die Hilfe eines Tierpsychologen und Verhaltenstherapeuten in Anspruch nehmen und nicht warten, bis sich dieses Verhalten verselbstständigt und chronisch wird. Je später eine Therapie ansetzt, umso schwieriger ist es, den ehemaligen Auslöser zu finden. Selbstverständlich ist im Vorfeld der Tierarzt um Rat zu fragen, damit organische Ursachen ausgeschlossen werden können. Auch hier gilt, dass eine Erkrankung, je früher sie diagnostiziert wird, umso leichter behandelt werden kann.
Das Warten darauf, dass sich Verhaltensauffälligkeiten von alleine lösen, ist vergeudete Zeit. Je länger eine Katze dieses Verhalten zur Kompensation einer inakzeptablen Lebenssituation benutzt, desto mehr verinnerlicht sie dieses Verhalten. Die Katze braucht einfach Unterstützung, sodass man sich professionelle Hilfe suchen sollte. Es ist jedoch darauf zu achten, möglichst einen Tierverhaltenstherapeuten zu finden, der sich auf Katzen spezialisiert hat. Am besten fragen, ob der Berater selbst mit Katzen zusammenlebt, denn sonst ist alles erworbene Wissen pure Theorie.

Aufklärung über Irrtümer

Ein entscheidender Punkt ist, positiv zu denken und sich den gewünschten Zustand vor seinem geistigen Auge vorzustellen und nicht immer wieder gedanklich das Schreckensszenario durchzuspielen. Gedanklich kreisen die meisten Katzenhalter nämlich ständig um das Problem, sogar wenn es in diesem Moment gar nicht akut ist. Dann stellen sie sich vor, dass es wieder beginnen könnte und wie schlimm sie das fänden. Was wir befürchten, ziehen wir erst recht an, weil starke Emotionen und Bilder eine regelrecht magnetische Anziehungskraft haben. Katzen empfangen zudem unsere inneren Bilder. Jeder, der sich mit Tierkommunikation beschäftigt, weiß das. Außerdem übertragen sich Unruhe, Unsicherheit, Sorgen und Ängste ihres Menschen auf die Katze, da sie all dies als sensibles Wesen genau wahrnehmen kann.

Also bitte genau das Gegenteil tun: sich immer wieder in den lebhaftesten Farben vorstellen, wie ein harmonisches Miteinander zwischen den Katzen herrscht oder die Katze brav jedes Mal die Katzentoilette benutzt und der Küchenboden immer schön trocken ist. Richtig die Freude, Erleichterung und die Dankbarkeit dabei empfinden. All das nehmen unsere Katzen nämlich genauso wahr und richten sich danach. Einen Versuch, dies zumindest einmal auszuprobieren, ist es doch wert, oder?

Auf einen wichtigen Irrtum möchte ich auch noch unbedingt aufmerksam machen. Achtung: Viel schlafen und nicht spielen wollen, sind keine positiven oder zumindest normalen Zeichen, sondern Warnsignale. Gerade Wohnungskatzen müssen spielen, um ihren aufgestauten Jagdtrieb abreagieren zu können. Unterforderung, Langeweile und zu wenig Abwechslung können bei einer Katze zu Lethargie, Apathie, Depressionen, ja sogar körperlichen Krankheiten führen. Wenn eine Katze nicht spielen will, hat sie Schmerzen, Angst vor einer konkurrierenden Katze, fühlt sich aus anderen psychischen Gründen unwohl, hat die Lust daran aufgrund von Spielfehlern des Halters verloren, ist verunsichert oder hat resigniert.

Vermehrtes Schlafen ist zudem auch eine Form von Rückzug, um Problemen aus dem Weg zu gehen. Sogar übermäßiges Fressen gehört dazu, denn auch bei Katzen ist dieses regelrechte Frustfressen eine Ersatzbefriedigung. Dabei besteht jedoch die Gefahr von Übergewicht, was zu körperlichen Beschwerden wie Diabetes, Leberschäden, Harnsteinen sowie Haut- beziehungsweise Gelenkerkrankungen führen kann. Unsichere Katzen bewegen sich weniger, um nicht aufzufallen, und trauen sich nicht, zu spielen. Beim Ausagieren ihres Jagdtriebs, eventuell in Leerlaufspielen, den berühmten wilden fünf Minuten, laufen sie Gefahr, dadurch andere Katzen zum Verfolgen und Jagen anzuregen.

Wenn die Seele einer Katze leidet,
braucht sie Hilfe, Unterstützung,
Verständnis, Einfühlungsvermögen,
Rücksichtnahme, Zuverlässigkeit,
Aufmerksamkeit, Fürsorge
und ganz viel Liebe.

Zögern Sie nicht,
verurteilen Sie nicht,
bestrafen Sie nicht,
verweigern Sie nicht,
verzweifeln Sie nicht,
resignieren Sie nicht.
Geben Sie Ihre Katze niemals auf.

Suchen Sie Hilfe und Unterstützung
für sich selbst und für Ihr Tier
bei einer guten und zuverlässigen
Katzenpsychologin, die bereit ist,
sich sowohl in Sie als auch in Ihr Tier
einzufühlen und dabei zu helfen,
dass wieder Harmonie und Ausgeglichenheit
auf beiden Seiten in Ihr Heim einkehrt.

Es gibt für alles immer die richtige Lösung –
sie muss nur gefunden werden!

Katzen und ihre Menschen

Katzen und Frauen

Es wird immer wieder von einer Seelenverwandtschaft zwischen Frauen und Katzen gesprochen. Vielleicht, weil Frauen im allgemeinen nicht nur gefühlsbetonter sind, sondern dies auch deutlich offener zum Ausdruck bringen können. Damit wird es schlichtweg einfacher für sie, Katzen zu verstehen und direkt auf sie zuzugehen. Katzen spüren Emotionen und Zuneigung sofort sehr deutlich und reagieren entsprechend darauf.

Die Frau-Katze-Beziehung ist von einigen auffälligen Merkmalen gekennzeichnet. Dazu gehören eine innige Verbundenheit, absolute Vertrautheit sowie eine beispiellose Intimität. Katzen sind nämlich in jeder Lebenslage mit dabei und dürfen sogar mit auf die Toilette gehen. Eine Frau traut sich, ihre verborgenen Sehnsüchte in dieser besonderen Partnerschaft auszuleben. Katzen sind einfach ideale Partner, ehrlich, aufrichtig, vertrauenswürdig und voller Unschuld. Bösartigkeit, Berechnung, Unaufrichtigkeit, Unzuverlässigkeit sowie Rücksichtslosigkeit sind ihnen unbekannt. Sie stellen keine Bedingungen, um ihren Menschen zu lieben. Das Leben mit einer Katze ist immer ganz einfach und selbstverständlich, offen und ehrlich, ohne Lügen und Betrügen. Einer Katze gegenüber kann eine Frau Gefühle zeigen und so sein, wie sie ist, ohne abgewiesen, kritisiert, bemitleidet oder ausgelacht zu werden.

Für Frauen, die mit einer Katze zusammenleben, kann diese alle Aspekte in sich vereinen, die einer Frau wichtig sind. Sie kann die Rolle eines Kindes, Lebensgefährten, Trostspenders, treuesten Freunds, engsten Vertrauten, verschwiegenen Geheimnisträgers, Spielgefährten, Gesprächs- sowie Kuschelpartners übernehmen. Zwar betrachten manche Frauen Katzen als Kindersatz, aber in Wirklichkeit haben Katzen vielmehr ihre ganz eigenen Qualitäten, wie beispielsweise ihre Eigenständigkeit, über die Kinder in der Regel weitaus weniger verfügen. Mit ihrer großen Unabhängigkeit

und Selbstständigkeit sind sie mit Kindern gar nicht zu vergleichen. Zudem sind sie auch in ihrer Jugend und Pubertät einfacher und problemloser. Sie vermitteln außerdem Ursprünglichkeit, Natürlichkeit, geben Geborgenheit und gehen mit gutem Beispiel voran, wie man in Ruhe genießen und entspannen kann.
Egal, wann eine Frau nach Hause kommt, die Katze freut sich immer und zeigt dies auch ganz deutlich mit vollem Körpereinsatz. Sie begrüßt sie schnurrend und schmiegt sich an sie. Eine Katze ist mit Dosenfutter zufrieden und erwartet nicht, dass täglich frisch gekochtes Essen auf dem Tisch steht. Sie zeigt dankbar, wie gut es ihr schmeckt. Eine Katze legt von sich aus viel Wert auf eine saubere Toilette. Den kuscheligen Platz im Bett oder auf dem Sofa liebt sie ebenso wie eine Frau und genießt gleichermaßen Streicheleinheiten und liebevolle Aufmerksamkeit.
Fühlt eine Frau sich nicht wohl, ist ihre Katze rücksichtsvoll, sanft und mitfühlend. Sie verschenkt ihre Zuneigung ganz freiwillig und ohne Forderungen zu stellen. Sie hegt keine falschen Erwartungen an eine Frau und möchte sie auch keinesfalls nach eigenen egoistischen Vorstellungen und Wünschen umformen. Eine Katze liebt eine Frau auch dann, wenn diese gerade nicht so attraktiv aussieht. Ihr ist es auch egal, ob sie ein paar Kilo zugenommen hat. Katzen naschen selbst mit der gleichen Genussfreudigkeit wie Frauen, gönnen sich gerne faulenzend Auszeiten und kuscheln für ihr Leben gerne. Eine sensible Katze registriert immer den weiblichen Gefühlszustand und reagiert mit entsprechendem Einfühlungsvermögen anstatt mit Kritik. Sie ist ein idealer Gesprächspartner, widerspricht nicht und erfindet keine Ausreden.
Egal, ob eine Frau Single ist oder in einer Partnerschaft lebt, die Katze ist für sie eine wichtige Stütze, die ihr vieles geben kann, was ein menschlicher Lebenspartner häufig vermissen lässt. Vor allem in einer Lebensgemeinschaft, die im Laufe der Zeit eher zu einer Zweckgemeinschaft wurde, ist die Katze der wahre und vor allem beständigere Partner. Sie stärkt das Selbstbewusstsein, gibt ihr mehr Selbstsicherheit und macht sie widerstandsfähiger gegen Stress. Sie hilft ihr auch dabei, sich selbst zu mögen und anzunehmen und beweist ihr immer wieder, dass sie liebenswert ist.

Eine Katzenhalterin erzählte mir, dass sie ihren Mann sogar mit ihrem Kater absichtlich eifersüchtig mache. Sie würde dann besonders zärtlich und liebevoll mit ihm schmusen und ihm die schönsten Dinge ins Ohr säuseln. Wenn sich ihr Mann dann entsprechend darüber auslasse, bekäme er zu hören, dass er ja nicht so lieb sei und daher ein solches Verwöhnprogramm nicht verdiene. Natürlich musste ich schmunzeln, aber fand es dem Kater gegenüber unfair. Auf diese Weise wird die Abneigung des Mannes gegen das Tier geschürt, das zudem für eigene Zwecke regelrecht missbraucht wird. Aus psychologischer Sicht ist zudem ganz klar, dass sich die Fronten dadurch auch nur noch mehr verhärten. Es wird kein Mann daraufhin – wie insgeheim erhofft – in der Form reagieren, dass er plötzlich bereit ist, sich ebenso brav wie der Kater zu verhalten, auch wenn er sich genauso viel Zuwendung ersehnt. Dabei handelt es sich nämlich wieder um die menschliche, bedingte Liebe: „Nur, wenn du so bist, wie ich dich haben will und tust, was ich möchte, liebe ich dich und zeige dir das auch." Da wäre ein offenes und ehrliches Beziehungsgespräch, in dem jeder seine Wünsche und auch die unerfüllten Bedürfnisse zur Sprache bringt, weitaus hilfreicher.

Das Leben mit einer Katze bringt sogar auch gesundheitliche Vorteile. Die Katze sorgt für seelische Ausgeglichenheit, verhindert Depressionen und die damit zusammenhängenden psychosomatischen Erkrankungen. Stress kann durch zärtliches Streicheln des Fells abgebaut werden, und das Schnurren einer Katze wirkt absolut beruhigend.

Katzen sind darüber hinaus sogar richtig gute Therapeuten. Gerade Frauen, die Angst oder Abneigung vor Berührungen entwickelt haben, können dagegen die Zuneigung einer Katze frei von Angst und Anspannung erleben. Katzen zeigen, dass sie genießen, was man ihnen zuteil werden lässt, ohne etwas zu fordern, was man nicht geben möchte. Zärtlichkeit zu geben und zu empfangen, ohne dass dies als Vorspiel zu Sexualität verstanden wird, ist für viele Frauen wichtig. Die sinnliche Erfahrung im Körperkontakt mit der Katze wird von ihnen als angst- sowie spannungsfrei und sehr angenehm empfunden, weil sie keine weitere Verpflichtung eingehen müssen. Die Frau kann dann wieder spüren, dass Nähe etwas Schönes und Angenehmes sein kann und lernt so, ihre Probleme zu bewältigen. Das Zusammensein mit einer Katze löst natürlich nicht alle Folgen seelischer und/oder körperlicher Gewalterfahrungen, kann aber auf jeden Fall dazu beitragen, den Knoten ein wenig zu lockern. Die Katze ebnet den Weg, sodass eine Frau sich langsam wieder öffnen kann.

In jeder wahren Beziehung, egal ob zwischen Mensch und Mensch oder Mensch und Tier, sollten an erster Stelle Liebe, Achtung, Rücksichtnahme, Akzeptanz, Toleranz sowie das Respektieren des anderen mit all seinen Eigenschaften stehen. Katzen sind hierbei für uns hervorragende Lehrmeister. Sie zeigen uns in vielerlei Hinsicht, wie es geht, und ihnen gegenüber fällt es uns leichter, all dies selbst auszuprobieren und ebenfalls zu praktizieren.

Oftmals bevorzugen Frauen Kater, da weibliche Katzen als zickiger, weniger verschmust, eigenwilliger und eigenständiger angesehen werden. So mancher Kater dagegen lehrt eine Frau unmerklich, sanft, charmant und ganz nebenbei, aber sehr nachdrücklich, wie schön Nachgeben, Versorgen, Großzügigkeit, Toleranz, Rücksichtnahme und Verwöhnen sein können. Er fordert es nämlich nicht, sondern bringt sie einfach dazu, sich von selbst so zu verhalten. Kater können Frauen ganz einfach um die Pfote wickeln.

In meinem Fall trifft das ganz genau zu, denn ich habe genau diese Erfahrungen mit meinem Kater und meinem Katzenmädchen gemacht. Allerdings höre ich immer wieder Geschichten, die genau andersherum lauten. Darum möchte ich betonen, dass man wie immer nichts verallgemeinern darf, denn jedes Lebewesen ist ganz individuell. Kater ist nicht gleich Kater, Katze nicht gleich Katze, Frau nicht gleich Frau und Mann nicht gleich Mann. Es gibt immer solche und solche.

Katzen und Männer

Natürlich ist Katzenhaltung keine weibliche Domäne. Allein von den männlichen Singles in Deutschland halten fast 1,5 Millionen eine Katze. Ungefähr jeder Vierte verbringt seine freie Zeit sogar mit zwei oder mehreren Katzen. Laut einer Studie der Universität Bonn halten sich männliche Katzenhalter selbst für temperamentvoll, aufgeschlossen und gesellig. Sie sollen sogar eher dazu neigen, Opfer für ihre Katzen zu bringen, wie beispielsweise auf einen Urlaub zu verzichten, als Frauen. Sie sollen es auch eher in Kauf nehmen, sich für ihre Katze zu verschulden. Sie wären zudem ebenfalls eher dazu bereit, eine Partnerschaft aufzugeben als ihre Katze. Ehrlich gesagt, hätte ich all das eher den Damen zugetraut. Drei Viertel aller befragten Männer gaben an, dass ihre Katzen ihnen den nötigen Kuschelfaktor geben und sie es lieben, ihre Katze zu pflegen. Es scheint also mehr Freude zu machen, ein Katzenfell zu bürsten als die Haare seiner Liebsten, denn dass viele Männer Hobbyfriseure sind, wäre mir neu. Dies alles hat jedoch den Vorteil, dass Männer durch eine Katze in ihren emotionalen und sozialen Fähigkeiten gestärkt werden. Vielleicht schmelzen auch sie einfach eher dahin, wenn es darum geht, sich um eine Pfote als um den kleinen Finger wickeln zu lassen.

Tierliebe Männer wirken sympathischer und anziehender auf das weibliche Geschlecht. Wenn eine Frau sieht, wie ein Mann sich liebevoll mit einem Tier beschäftigt, fliegt ihm sofort ihr Herz zu. Das Zusammenleben mit einer Katze scheint gestresste Männer sogar ruhiger zu machen und verhilft ihnen zu der Entspannung, die sie nach einem anstrengenden Arbeitstag benötigen. Viele können sich dann anschließend aufmerksamer ihrer Frau und/oder Familie zuwenden.

Männer mögen keinen Erwartungsdruck und genießen es daher, dass eine Katze nicht ständig fordert, sondern gibt oder sich zumindest in der richtigen Weise einschmeichelt. Sie genießen es, von ihrer Katze nicht gemaßregelt oder kritisiert, sondern uneingeschränkt vergöttert zu werden. Die meisten Männer mögen keine Veränderungen, sondern bewegen sich lieber auf bekanntem Terrain und hängen an Routine sowie lieb gewonnenen Gewohnheiten noch viel mehr als Frauen. Das kommt wiederum dem Gewohnheitstier Katze sehr entgegen. Fast alle Männer, die mit einer Katze zusammenleben, bewundern ihre Intelligenz und zeigen sich von ihrem sanften Durchsetzungsvermögen beeindruckt. Ihren

Wünschen kommen sie freiwillig und liebend gerne nach und genießen das schnurrende Dankeschön, das ihnen dafür zuteil wird. Ich hoffe, Sie sehen es mir nach, dass mir zur Frau-Katze-Beziehung etwas mehr eingefallen ist. Natürlich liegt es daran, dass ich selbst eine Frau bin. Allerdings habe ich auch beruflich in erster Linie mit Frauen zu tun. Die meisten Katzenhalter, die mich um Hilfe bei Problemen mit ihrer Katze bitten, sind weiblich. Natürlich gibt es manchmal dazu einen Ehemann, der ebenfalls bemüht ist und sich auch an der Beantwortung des Fragenkatalogs beteiligt. Es kommt sogar manchmal vor, dass er derjenige ist, der Kontakt mit mir aufnimmt, während sich die Ehefrau eher etwas im Hintergrund hält. Ich habe auch schon männliche Singles, sowohl hetero- als auch homosexuell beraten. Trotzdem sind es in erster Linie Frauen, die oftmals sogar erzählen, dass ihr Mann von einer Therapie nichts halte, selbst die Ursache für die Probleme der Katze ist oder aber wütend aufgrund des auffälligen Verhaltens sei und auf einer Abgabe bestehe. Natürlich gibt es ebenso auch Frauen, die ihren Mann für sein Verständnis und seine Sorge um das Wohlbefinden der Katze in den höchsten Tönen loben. Wie gesagt, es gibt solche und solche.
Auch fast alle meine Fernlehrgangsteilnehmer sind weiblich, und ehrlich gesagt, bin ich immer noch der Auffassung, dass Männer eher hundeorientiert sind. Deren Wesen, das sie eher kommandieren, dominieren und reglementieren können, liegt ihnen wohl eher. Natürlich ist auch das ein absolut unzulässiges Vorurteil. Trotzdem glaube ich, dass Männer einfach mehr mit Hunden anfangen können und es für sie leichter ist, einem Wesen befehlen zu können, zu kommen, als einschmeichelnd um seine Gunst zu betteln, wie das häufig bei einer Katze der Fall ist. Ich weiß aber natürlich, dass es solche und solche gibt. Jedenfalls bin ich gespannt, welche Erfahrungen ich machen werde, nachdem ich seit kurzem auch die Ausbildung „Psychologie und Verhaltenstherapie des Hundes“ anbiete. Dafür melden sich dann aber wohl auch eher nur einfühlsame Herren der Schöpfung an, die an der Psyche eines Tieres und nicht nur am blinden Gehorsam oder körperlichen Themen interessiert sind.

Katzen und Menschen

Ohne Zweifel hat sich der menschliche Lebensstil im Laufe der Jahre erheblich verändert. Die Zunahme an Wohlstand, aber auch an Ansprüchen hat dazu geführt, dass es viele Menschen weg von einem ruhigen ländlichen Lebensstil hin zum ehrgeizigen Geschäftsleben in der Stadt zog. Die Bevölkerungsdichte steigt rapide an, und die Welt wird zu einem immer unpersönlicheren und einsameren Ort. Daraus resultierend hat ebenso eine merkliche Veränderung der Motive für die Haustierhaltung stattgefunden. Das wiederum führt zu einem erheblichen Anstieg der Popularität von Katzen.

Wahrscheinlich liegt das unter anderem auch daran, dass Katzen problemloser zu halten sind als Hunde. Eine Katze lässt sich wesentlich besser in den Alltag und in eine Etagenwohnung integrieren als ein Hund. Katzen sind unabhängiger, selbstständiger, kümmern sich größtenteils selbst um ihre Bedürfnisse, können für eine gewisse Zeit alleine bleiben und benutzen eine Katzentoilette. Wenn sie es nicht anders gewöhnt sind, reicht ihnen ihr Zuhause als Revier. Sie brauchen keinen geregelten Auslauf wie Hunde und müssen auch nicht Gassi geführt werden, um dabei ihre Ausscheidungen vorzunehmen. Das alles ermöglicht es einer größeren Bevölkerungsschicht wie Berufstätigen, Singles, älteren Leuten, die nicht mehr so rüstig und gut zu Fuß sind, und letztendlich auch Kindern, da sie selbst mehr Pflichten im Umgang übernehmen können, die Haltung einer Katze. Wer allerdings erwartet, dass sich eine Katze gefälligst in einen durchorganisierten und ordentlichen Haushalt einzufügen hat, ohne dabei Rücksicht auf ihre Bedürfnisse und Ansprüche zu nehmen, bietet ihr absolut keine artgerechte Haltung.

Es gibt natürlich auch einen psychologischen Aspekt, der für ein Haustier spricht. Viele Menschen, die Probleme haben, Kontakte mit anderen zu pflegen, sind eher in der Lage, sich einem Tier gegenüber zu öffnen. Gerade alte oder einsame Menschen wurden oftmals von anderen Menschen enttäuscht oder verletzt, sodass sie irgendwann mehr den Tieren vertrauen. Bei ihnen sind sie eher bereit, Gefühle zuzulassen, zu lachen und zu weinen. Sie erzählen dem Tier alles, denn Tiere hören zu, was eine große psychische Entlastung mit sich bringt. Dadurch können diese Menschen sogar ihr Vertrauen in menschliche Beziehungen zurückgewinnen, ihren Zynismus und ihr Misstrauen überwinden.

Menschen mit einem mangelnden Selbstbewusstsein können sich allerdings manchmal kaum mit einer scheuen, ängstlichen oder sehr zaghaften Katze anfreunden. Solche Katzen ziehen sich schnell zurück und verstecken sich. Das lässt bei unsicheren Menschen leicht das Gefühl entstehen, abgelehnt zu werden, denn sie nehmen es persönlich. Es kann daher ein Hindernis sein, dass beide sich im Prinzip zu ähnlich sind, aber manchmal kann auch gerade dies sehr lehrreich sein. Die Katze spiegelt dann praktisch das eigene Verhalten und die Reaktionen auf die Welt wider. Wer sich die Mühe macht, ihr Misstrauen in Vertrauen zu wandeln und es schafft, dass sie zugänglicher wird, therapiert sich in gewisser Weise dadurch sogar selbst. Vor allem hat er bewiesen, dass er selbst in der Lage ist, den stärkeren souveräneren Part zu übernehmen, was er sich unter anderen Umständen oftmals gar nicht zugetraut hätte.

Bei gefühlvollen, toleranten und in sich ruhenden Personen dagegen sind scheue Katzen auf jeden Fall gut aufgehoben. Eine menschenfreundliche Katze, die von sich aus immer wieder die Initiative zu Kontakten ergreift, kann dagegen die beste Therapie für Menschen sein, die unter leichten bis mittelschweren Depressionen leiden. Wenn die Katze stets erneut alle ihre Überredungskünste, über die sie verfügt, einsetzt, kann der Mensch irgendwann einfach nicht mehr widerstehen.

Die freundliche, vorurteilsfreie Zuwendung von Katzen fördert auch das Selbstbewusstsein von Menschen, die mit anderen Menschen Probleme haben. Verstörte Kinder, schwer erziehbare Jugendliche oder Behinderte, auf die die Umwelt ablehnend reagiert, erfahren beispielsweise Zärtlichkeit und Bestätigung durch eine Katze. Sie lernen dadurch, wieder Vertrauen zu einem anderen Lebewesen aufzubauen. In immer mehr Seniorenheimen, Rehabilitationskliniken und Pflegeheimen werden heute sogar ganz gezielt Katzen gehalten oder zumindest als regelmäßige Besucher eingesetzt. Der Fachausdruck dafür ist „Heimtierunterstützte Therapie". Diese wird immer populärer, weil die Ergebnisse einfach überzeugend sind.

Menschen, die keine Tiere mögen, sind mir sehr suspekt. Das sagt für mich einiges über ihre Seele aus. „Sage mir, wie du mit einem Tier umgehst, und ich sage dir, wer du bist." Ich finde diesen Spruch sehr zutreffend. Vor Kurzem saß mir in einer Tierklinik ein junges Pärchen mit einer Hündin gegenüber, die einer Rasse angehörte, die man landläufig als „Kampfhunde" bezeichnet. Diese war sehr aufgeregt, und der Mann versuchte nun, sie mit heftigem Klopfen auf die Flanken zu beruhigen. Er tat es in bester Absicht, aber das „Tätscheln" war so dröhnend laut, dass ich fast befürchtete, er würde ihr dabei die Rippen brechen. Ich schaute mir daraufhin unwillkürlich seine Partnerin an, weil mir sofort der Gedanke kam, dass er mit ihr wahrscheinlich ebenso wenig einfühlsam und eher derb umging. Ich bin der Meinung, der Umgang mit einem Tier lässt auch Rückschlüsse zu, wie diese Person Menschen behandelt. Der Mann hätte sich einfach nur einmal in seine Hündin hineinversetzen müssen: Da kommt ein kräftiger Riese auf ihn zu, der ihm grob und heftig immer wieder in die Seite boxt. Würde er sich davon etwa beruhigt fühlen oder dies als liebevolle Geste empfinden? Das ist wie mit den Herren, die einem jovial klatschend auf die Schulter klopfen, sodass man fast in die Knie geht oder einen Hustenanfall bekommt. Auch die meinen es nicht böse, aber haben eben einfach kein Gespür für ihr Gegenüber. Da gilt dann wieder einmal die berühmte Devise: „Was du nicht willst, was man dir tu', das füg' auch keinem anderen zu."

Tiere lieben absolut bedingungslos und beständig. Sie gehen nicht fremd oder entscheiden sich plötzlich für einen anderen Menschen und lassen sich scheiden. Sie schließen höchstens eine neue Person zusätzlich in ihr Herz, aber ohne ihre bisherige Bezugsperson deshalb plötzlich weniger zu lieben. Bezüglich eines Haustieres gilt daher in der Regel tatsächlich der Spruch: „Bis dass der Tod uns scheidet." (Es sei denn, es handelt sich um einen verantwortungslosen Halter, der sich aufgrund lapidarer Unannehmlichkeiten einfach von seinem Tier trennt und es weggibt.) Deshalb ist die Trauer auch so groß, wenn ein Haustier stirbt. Es hat oftmals eine ganz zentrale und bedeutende Rolle in der Familie eingenommen, und seine Krankheit oder gar sein Tod führt daher zu einer beträchtlichen Belastung aller Familienmitglieder. Es gibt einfach viele Dinge, die eine Katze so wertvoll für uns Menschen macht.

Die Katze ist nämlich ein äußerst sensibles Haustier, das nicht nur besondere Signale aus der Natur, sondern auch atmosphärische Veränderungen im Haus empfängt. Eine fröhliche Stimmung wirkt sich ebenso auf eine Katze aus wie Ärger oder Kummer. Wenn sie spürt, dass ihr Mensch traurig ist, behandelt sie ihn besonders liebevoll und aufmerksam. Bahnt sich jedoch zu Hause eine heftige Auseinandersetzung an, ist sie manchmal schon verschwunden, noch bevor es richtig losgeht. Katzen verabscheuen Veränderungen jeder Art, vor allem dann, wenn sie ihnen von außen aufgedrängt werden. Diese Grundeinstellung haben sie mit vielen Menschen gemeinsam.

Die Grundlage für die Freundschaft zwischen Mensch und Katze ist ein gegenseitiges Geben und Nehmen. Dazu gehören unter anderem die Eigenschaften, zuhören und sich mitteilen zu können. Das Leben mit einer Katze bringt täglich mehr Lebensfreude und Lebensqualität. Eine Katze vertreibt Momente der Einsamkeit, bringt Leben in den Alltag und bietet jede Menge Gesprächsstoff. Ihr weiches Fell zu streicheln und ihr wohliges Schnurren zu hören, baut beim Menschen regelrecht Stress ab. Er wird ganz ruhig, kann sich entspannen und fühlt sich geborgen.

Eine Katze geht zudem einfach mit gutem Beispiel voran und lehrt ihren Menschen dadurch ebenfalls Toleranz, Respekt, Rücksichtnahme, Verständnis, Friedfertigkeit und Einfühlungsvermögen. Er lernt durch sie seine Gefühle kennen und sich zu trauen, diese auch auszudrücken. Zärtlichkeit zu geben und zu empfangen ist für die Katze das Natürlichste, was es auf der Welt gibt. Viele Menschen lernen erst durch sie, dieses Bedürfnis ebenfalls auszuleben. Eine Katze liebt und akzeptiert ihren Menschen mit all seinen Schwächen. Durch diese vollkommene Annahme zeigt sie ihm, dass so etwas tatsächlich möglich ist. Er ist dann in der Lage, ihr das

Gleiche entgegenzubringen und irgendwann vielleicht sogar auch, diese Einstellung auf andere Menschen zu übertragen.
Katzen sind beständig, zuverlässig, lieben ehrlich und bedingungslos. Sie sind immer da, wenn man sie braucht. Sie stellen auch nicht die Regel auf: „Nur, wenn du bist, wie ich dich haben will, und tust, was ich will, dann liebe ich dich." Nein, sie tun es immer und in jeder Lebenslage. Sie lieben uns auch unausgeschlafen, unrasiert, ungekämmt, ungeschminkt, in Räuberzivil, wenn wir einmal nicht gut drauf sind, wenn wir gerade unserem Ärger Luft gemacht haben, wenn wir faul sind, wenn wir uns zurückziehen möchten, wenn wir sehr emotional sind, wenn wir traurig sind und weinen müssen oder aber, wenn wir albern und uncool sind, wenn wir uns peinlich verhalten, wenn wir auf Menschen unausstehlich und nicht liebenswert wirken. Es gibt einfach für eine Katze keinen Grund, uns nicht zu lieben!
Untersuchungen haben ergeben, dass die Haustierhaltung darüber hinaus auch medizinisch gesehen sehr positive Auswirkungen hat. Beim Streicheln senken sich die Herzschlagfrequenz sowie der Blutdruck und verkrampfte Muskeln lockern sich. Durch Streicheln und Sprechen mit der Katze wird die Produktion von Glückshormonen stimuliert, die als natürliche Schmerzmittel und Entspannungssubstanzen direkt im Gehirn wirken. Körper und Seele des Menschen entspannen sich.
Bei älteren und kranken Menschen ergeben sich Verbesserungen von körperlichen sowie Altersbeschwerden, und es erfolgt eine allgemeine Steigerung des Wohlbefindens. Menschen sind dann weniger depressiv, ein krankhafter Bluthochdruck normalisiert sich, und in einigen Fällen sinken sogar die Blutzuckerwerte von Diabetikern. Der körperliche und seelische Gewinn hängt aber natürlich auch von der Intensität der sozialen und gefühlsmäßigen Bindung ab, die sich zwischen dem Menschen und seinem Tier entwickelt hat. Wird ein Haustier eher als Belastung betrachtet, die lediglich zusätzliche Arbeit verursacht, können die positiven Aspekte natürlich nicht ihre Wirkung entfalten.
Psychologen und Verhaltensforscher haben entdeckt, dass bei Menschen im Gespräch mit Katzen die Stimme auffallend höher wird,

die Haltung des Körpers unverkrampfter wirkt und der Mund sich meist zu einem Lächeln verzieht. Natürlich hat der Mensch auf diese Weise die Möglichkeit, sich einem Wesen mitzuteilen, das ihm auf keinen Fall widerspricht, ihn nicht kritisiert oder mit ihm diskutiert, was eine Unterhaltung generell entspannt macht. Die Katze maßregelt ihren Menschen auch nicht, sondern fühlt sich wohl, solange er freundlich und gut zu ihr ist. Außerdem kann sie sehr gut Geheimnisse für sich behalten, was eine ganz spezielle Art der Kommunikation ermöglicht. Ihr kann man all das sagen, was man ansonsten nicht wagt, auszusprechen, zuzugeben, zu erwähnen oder jemandem anzuvertrauen.

Tierschutz und Ethik

Tierschutz beginnt überall dort, wo Menschen bereits mit Tieren zusammenleben oder sich ein Tier anschaffen möchten. Da leider im August 2008 der größte Zoofachhändler Deutschlands begonnen hat, Katzenwelpen in seinem Laden zu verkaufen und dies zukünftig auch für Hundewelpen plant, wurde ich gebeten, ein Statement dazu abzugeben. Dies habe ich gerne getan, um auf diesen unsagbaren Skandal aufmerksam zu machen. Damit noch mehr Tierliebhaber von dieser Thematik Kenntnis erhalten, finden Sie an dieser Stelle meine abgegebene Stellungnahme. Um diesem skrupellosen Händler in meinem Buch nicht noch ein Forum zu geben, habe ich seinen Namen abgekürzt.

Es kann doch wohl nicht sein, dass wir im Jahr 2008 in einem Land wie Deutschland im Tierschutz wieder Rückschritte machen und halbwegs in die Steinzeit zurückfallen! Seit den 80er Jahren gab es keinen Verkauf von Katzen- und Hundewelpen mehr im Zoofachhandel – und das war gut so.

Es reicht doch wohl, dass Herr Z. einen regen Handel mit exotischen Tieren wie Siebenschläfern und Waschbären betreibt, wobei er sich gerne filmen lässt. Es müssen aber doch bitte nicht soziale Wesen wie Katzen und Hunde sein, bei denen sich ein solches Vorgehen auf ihre Sozialisation, gerade in der wichtigen Prägephase, und damit auf ihr gesamtes weiteres Leben auswirken wird. Die Welpen wachsen ohne ihre Mutter und Geschwister auf sowie in einem völlig unangebrachten und unzureichenden Umfeld. Sie haben keinen familiären regelmäßigen Kontakt zu Menschen, wie in einem guten Züchterhaushalt, es wird nicht mit ihnen gespielt, sie werden nicht mit den normalen Reizen eines Heimtieralltags konfrontiert und somit nicht entsprechend auf ihr zukünftiges Leben vorbereitet. Sie müssen unter künstlichem Licht hinter Glas dahinvegetieren, kennen kein Tageslicht, keine Sonne, keinen Wind. Sie werden von vielen fremden Menschen belästigt, die sich womöglich noch unangemessen verhalten, indem sie an die Scheibe klopfen oder sie anstarren, sodass sie lernen, Menschen abzulehnen und zu meiden. Von der

Unsicherheit, dem Stress und der Unnatürlichkeit des gesamten Umfelds gar nicht zu reden. Sie sind darüber hinaus permanent einer äußerst unangenehmen Geräusch-, Geruchs- und unnatürlichen Gesamtkulisse ausgesetzt. Nachts und am Wochenende bleiben sie einfach in Dunkelheit sich selbst überlassen.

Eine Augenzeugin hat berichtet, dass ein Kitten von einer unqualifizierten Verkäuferin mit einem Handtuch im Nacken gepackt wurde (sehr schädlich für die Wirbelsäule), weil es sonst kratzen und beißen würde (!), wobei es jämmerlich schrie, um es zu wiegen, da es jeden Tag weiter abnehmen würde. Die wenigen Erfahrungen mit Menschen sind also auch noch äußerst negativ und das Verhalten sowie die Gewichtsabnahme sagen ja wohl alles über das Wohlbefinden aus. Das ist alles nicht artgerecht und echte Tierquälerei! Gerade Katzen und Hunde – die engsten Partner des Menschen – sind äußerst sensible und hoch entwickelte Wesen, die solche Lebensbedingungen nicht so einfach verkraften können. Wie kann ein Mensch, der vorgibt, ein großer Tierfreund zu sein, so etwas mit seinem Gewissen vereinbaren? Herr Z. ist als Tiermesseveranstalter sowie aus den Medien bekannt und vermittelte eher einen positiven Eindruck. Dass er jetzt als Erster und hoffentlich Einziger ein solches Tabu bricht, zeugt jedoch ausschließlich von reiner Profitgier und Skrupellosigkeit. Ich hätte ihn nicht so eingeschätzt, aber ich habe mich scheinbar gründlich geirrt. Laufen seine Geschäfte so schlecht, dass er so etwas wirklich nötig hat? Der Zentralfachverband Zoologischer Fachbetriebe e.V. (ZZF) hatte beschlossen, in Mitgliedsgeschäften auch weiterhin auf den Verkauf von Katzen und Hunden zu verzichten. Warum muss denn dann gerade ein großer Händler, der das doch gar nicht nötig hat, mit schlechtem Beispiel vorangehen, sodass ihm noch viele folgen werden? Stattdessen sollte sich doch gerade ein solches Unternehmen für den Tierschutz einsetzen und seine Kollegen davon überzeugen, sich nicht so verantwortungslos zu verhalten.

Die Quelle aus denen die Tiere stammen, die in einem Ladengeschäft verkauft werden, kann man sich bildhaft vorstellen. Da steckt kein anständiger Züchter dahinter, der seine Schutzbefohlenen niemals einem solchen Schicksal ausliefern würde, sondern hier wollen ja direkt zwei kräftig verdienen, der Zwischenhändler, der „Gebärmaschinen" zur Verfügung stellt, und der Verkäufer.*

Katzen- und Hundewelpen sollten ausschließlich von verantwortungsvollen Züchtern oder eben von Tierheimen und dem Tierschutz vermittelt werden. Es gibt ja leider bereits genug Tiere, die schon im Welpenalter ein schlimmes Schicksal hinter sich haben und dort gelandet sind. Da muss man nicht noch mehr armen Kreaturen den Weg in ein normales, artgerechtes Leben verbauen, die dann eines Tages ebenfalls abgegeben werden, weil sie nicht „normal funktionieren". Die Tiere aus Zoofachgeschäften sind mit Sicherheit meine zukünftigen Klienten – worauf ich liebend gerne verzichte –, denn sie werden in den meisten Fällen Verhaltensauffälligkeiten entwickeln. Zudem werden sie aufgrund dieser „Laborbedingungen" entweder äußerst ängstlich und scheu oder aber sehr aggressiv, jedoch keinesfalls zutraulich.

Ich kann nur hoffen und wünschen, dass es keinen einzigen Käufer gibt, der bereit ist, dieses „sich Versündigen" an Tierbabys durch einen Kauf zu unterstützen. Man sollte solche Händler im Gegenteil regelrecht boykottieren, und zwar was sämtliche Artikel ihres Sortiments betrifft, weil sie mit einem solchen Vorgehen beweisen, dass ihnen das Wohl der Tiere in keiner Weise am Herzen liegt. So jemand ist dann für mich keine Vertrauensperson, was hochwertiges Futter, gute Pflege- und artgerechte Heimtierartikel betrifft. Im Gegenteil, er stellt ein empfindsames Lebewesen auf die gleiche Stufe wie Futtermittel und Zubehör. Zudem beweist er eindeutig, dass er keinerlei Ahnung von der Aufzucht und Haltung von Katzen- sowie Hundewelpen hat und somit keinesfalls ein „Fachmann", sondern lediglich ein rücksichtsloser Geschäftemacher ist. Somit kann auch keine entsprechende Beratung der zukünftigen Katzen- und Hundehalter geleistet werden, sondern es kann einfach derjenige die „Ware" im Vorbeigehen erstehen, der bereit ist, den Preis zu

---

* Engagierte Tierschützer haben den Namen des Züchters herausgefunden und seinen Zuchtverein auf dessen Machenschaften aufmerksam gemacht, woraufhin er ausgeschlossen wurde. Dadurch bekommt er zumindest keine legalen Stammbäume mehr, ohne die die Tiere schwerer zu verkaufen sind. Da der Preis für die Perserkitten zudem höher ist als bei einem normalen Züchter, habe ich die große Hoffnung, dass das Geschäft nicht boomt. Allerdings darf man nicht darüber nachdenken, was mit den Katzenkindern geschieht, die zu „Ladenhütern" werden. Außerdem werden leider auch Hauskatzen zu einem günstigeren Preis angeboten. Möge diesem Schicksal bald kein Welpe mehr ausgesetzt werden.

bezahlen, egal ob er dafür geeignet ist oder nicht. Sollte Herr Z. tatsächlich nicht erkennen können, dass es definitiv nicht reicht, die simplen Anforderungen des Veterinäramtes zu erfüllen, zeugt auch das nur von absolut unzureichender Fachkenntnis.
Ich wünsche mir, dass alle 8 Millionen Katzenhalter sowie sämtliche Hundehalter, da ja auch der Verkauf von Hundewelpen geplant ist, vereint auf die Barrikaden gehen und diesem Treiben ein Ende bereiten. Gemeinsam sind wir stark!

Ethik

Menschen, die Tiere quälen, haben für mich eine kranke, gestörte und sehr düstere Seele. Wenn ich höre, wozu Menschen fähig sind, empfinde ich oft große Wut und manchmal regelrechten Hass. Diese Feiglinge suchen sich immer nur die Schwächeren aus. Für sehr vieles habe ich Verständnis, aber für so etwas reicht dieses nicht aus. Vieles kann psychologisch erklärt und dadurch sogar akzeptiert werden, aber so etwas nicht. Ich kann auch nicht verstehen, dass diese Verbrechen an unschuldigen und hilflosen Wesen nicht oder nur unzureichend bestraft werden. Meiner Ansicht nach sollte jeder, der einem anderen Lebewesen etwas zuleide tut, egal ob Mensch oder Tier, genau das Gleiche am eigenen Leib erfahren müssen. Das wäre nicht nur die einzig gerechte Strafe, sondern es wäre dann vielleicht doch eher eine Abschreckung zu wissen, dass es sein könnte, dasselbe erdulden zu müssen.
Tiere sind so hilflos und uns Menschen regelrecht ausgeliefert. Kinder können sprechen und notfalls jemanden um Hilfe bitten. Tiere können das nicht. Sie haben keine Lobby und zu wenige Fürsprecher. Wenn ich von einer Tierschützerin angerufen werde und erfahre, dass auf dem Friedhof regelmäßig schwarze Katzen bei schwarzen Messen geopfert werden, die Polizei davon wisse, aber nichts unternehme, frage ich mich, wie weit die Menschheit es mit ihrer Entwicklung bis zum 21. Jahrhundert gebracht hat.
Normalerweise hat doch jeder Mensch eine ganz selbstverständliche Hemmschwelle, einem anderen Lebewesen Schmerz zuzufügen oder es zu quälen. Manche sind jedoch völlig verroht und abge-

stumpft, und ihre Menschlichkeit ist tief verschüttet. Wer beruflich Tiere tötet und zerteilt, ohne etwas dabei zu empfinden oder sogar stolz darauf ist, aus dem Hinterhalt ein Tier ermordet zu haben, es ausweidet und verzehrt oder aber als Trophäe aufhängt, hat kein Mitgefühl und kein Herz. Wie kann man blind sein gegen Todesangst, taub gegen Schmerzens- und Todesschreie und einem Tier in die Augen schauen und es trotzdem umbringen?

Was Tieren zudem aus reiner Profitgier angetan wird, ist ebenfalls unfassbar. Wie die armen Tiere gewaltsam gemästet, unter unerträglichen Zuständen unendlich lange transportiert werden, sie häufig aus Kosten- oder Zeitgründen auf grausame Art getötet werden, was in Futtermitteln verarbeitet wird, um aus Abfall Geld zu machen, was im Namen der Forschung für Elend und Qualen verursacht werden ... Wenn man einmal damit anfängt, findet man gar kein Ende beim Aufzählen der Missstände, die es bezüglich der Tierwelt gibt.

In Deutschland werden nach Schätzungen pro Jahr mindestens 300.000 Katzen durch Jäger abgeknallt und etwa eine halbe Million Tiere zu Tode misshandelt, sexuell missbraucht (auch Katzen!) und gefoltert. Von den legal gequälten und getöteten Tieren gar nicht zu reden. Der Mensch versündigt sich aus niedrigen Beweggründen an seinen Mitgeschöpfen.

Für mich als absolute Tierliebhaberin ist es selbstverständlich, seit vielen Jahren Vegetarierin zu sein. Ich habe einfach die Einstellung: „Tiere sind meine Freunde, und meine Freunde esse ich nicht". Ich bin auch fest davon überzeugt, dass, wenn nach der Bestellung eines Fleischgerichts im Restaurant das noch lebende Tier an den Tisch geführt würde, um zu fragen, an welcher Stelle man denn für den Gast ein Stück herausschneiden dürfe, jedem der Appetit auf Fleisch vergehen würde. Erst dann würde wohl endlich wirklich jedem klar, dass Fleisch nicht auf Bäumen wächst oder fertig abgepackt auf die Welt kommt. Säugetiere verfügen über die gleichen Organe wie der Mensch, haben die gleichen Empfindungen und spüren Schmerzen ebenso. Sie gähnen und niesen wie wir, schlafen und träumen wie wir, freuen sich und leiden wie wir. Für mich wäre es so, als würde ich meinesgleichen verspeisen.

Ach, übrigens: *Ich liebe Pelze, wenn sie weich und warm sind – und sich bewegen, weil ein lebendiges Tier darin steckt!*
Tiere sind aus meiner Sicht weitaus entwickelter, gnädiger, rücksichtsvoller, natürlicher und somit sowohl nachvollziehbarer als auch ethischer als der Mensch. Sie haben uns so viel voraus: Sie können bedingungslos lieben, sind treu, ehrlich, offen, tolerant, geduldig, loyal, verschwiegen, vertrauenswürdig, sind nicht missgünstig oder neidisch, nicht grausam, nicht profitsüchtig oder bekommen einfach nicht genug, sie lügen nicht und betrügen nicht, regen sich nicht über jede Kleinigkeit auf, sind nicht kritisch und maßregeln andere nicht ständig. Sie sind ausgeglichen, und ihre aktiven Phasen haben ein ausgewogenes Verhältnis zu den Ruhephasen.
Was wir einander antun, gibt es in der Tierwelt nicht. Warum sich die meisten Menschen als Krone der Schöpfung betrachten, kann ich wirklich nicht verstehen. Wir können sprechen, haben einen Verstand, wir verfügen über Technik, haben ein gewisses Knowhow und bestimmte Fähigkeiten – aber wie und wozu setzen wir all das tatsächlich ein? Sind wir glücklicher und zufriedener als die Tiere? Tiere führen keine Kriege, Tiere beuten Mutter Erde nicht aus, Tiere leben im Einklang mit der Natur. Was für ein Paradies wäre es für die Tiere, wenn es uns nicht gäbe. Oder höchstens eine Sorte Mensch, die genauso respektvoll wie die Tiere mit dem Planeten Erde und seinen wertvollen Ressourcen umgehen und alle Lebewesen achten würde.

Service

Zum Weiterlesen ...

... finden Sie hier Ratgeber und Sachbücher über Katzen aus dem Kosmos-Verlag:

Bailey, Gwen: Was denkt meine Katze. Katzenverhalten auf einen Blick.
Bergmann-Scholvien, Claudia: Schüßler-Salze für meine Katze. Die Wirkung der Heilsalze. Anwendung und Therapie.
Bessant, Claire: Die Geheimnisse der Katzensprache.
Bohnenkamp, Gwen und Dr. Renate Jones: Was Katzen wirklich brauchen. Verhalten verstehen und Probleme lösen.
Brehmer, Marion: Bach-Blüten für die Katzenseele.
Cryer, Max: Kosmos Katzen-Sammelsurium.
Federer, Gabi und Martino Rivas: Spiele für Katzen. Die schönsten Tricks für Stubentiger.
Grimm, Hannelore: Kätzchen. Halten & pflegen, verstehen & beschäftigen.
Grimm, Hannelore: Wohnungskatzen. Halten & pflegen, verstehen & beschäftigen.
Halls, Vicky: Die Katzenflüsterin. Erfolgreiche Kommunikation, vertrauensvolles Miteinander.
Halls, Vicky: Neues von der Katzenflüsterin. Die Geheimnisse der Katzenseele erforschen.
Kraa, Gisela: Bach-Blüten für Katzen. Sanfte Medizin für unsere Katze. Mit Diagnose-Checkliste.
Lauer, Isabella: Meine Katze.
Lauer, Isabella: Populäre Irrtümer über Katzen. Warum die Katzenwäsche für die Katz ist und uns mit Kater der Morgen graut.
Lauer, Isabella: Warum Katzen immer auf den Pfoten landen. 222 Fragen und Antworten rund um die Katze.
Lauer, Isabella: Wenn Katzen reden könnten. Verhalten und Körpersprache verstehen.
Lauer, Isabella: Zwei Katzen – doppeltes Glück. Auswahl, Eingewöhnung und harmonisches Zusammenleben.
Leyhausen, Paul: Katzenseele. Wesen und Sozialverhalten.
Metz, Gabriele: Katzenrassen.
Seidl, Denise: Mit Katzen leben. Richtig pflegen, füttern und beschäftigen.
Seidl, Denise: Wenn meine Katze Probleme macht. Katzenverhalten verstehen, Probleme lösen.
Tellington-Jones, Linda: TTouch für Katzen. Sanfte Berührungen für Harmonie, Gesundheit und Wohlbefinden.
Twardokus, Petra: Coaching für Katzenhalter. Die goldenen Regeln einer Katzenpsychologin.
Turner, Dr.med.vet. Dennis: Turners Katzenbuch.
Whitehead, Sarah: Das Katzenbuch für Kids. So fühlt sich deine Katze wohl.

Register

Mit einem Schwarzweißfoto von Gabriele Metz.

Umschlag von eStudio Calamar unter Verwendung von 2 Farbfotos von Gabriele Metz.

Alle Angaben in diesem Buch erfolgen nach bestem Wissen und Gewissen. Sorgfalt bei der Umsetzung ist indes dennoch geboten. Der Verlag und die Autorin übernehmen keinerlei Haftung für Personen-, Sach- oder Vermögensschäden, die aus der Anwendung der vorgestellten Materialien und Methoden entstehen könnten.

Unser gesamtes lieferbares Programm und viele weitere Informationen zu unseren Büchern, Spielen, Experimentierkästen, DVDs, Autoren und Aktivitäten finden Sie unter **www.kosmos.de**

FSC www.fsc.org
MIX
Papier aus verantwortungsvollen Quellen
FSC® C005833

Gedruckt auf chlorfrei gebleichtem Papier

ISBN 978-3-440-11850-4
Redaktion: Angela Beck
Satz und Gestaltung: DOPPELPUNKT, Stuttgart
Produktion: Eva Schmidt
Printed in The Czech Republic / Imprimé en République Tchèque

Die Katzenpsychologin und Verhaltenstherapeutin **Petra Twardokus** ist aus mehreren TV-Sendungen sowie durch ihre Artikel in Katzen- und Haustierzeitschriften bekannt. 2008 veröffentlichte sie ihr Buch *Coaching für Katzenhalter* im Kosmos Verlag.

Sie bietet neben der Beratung von Katzenhaltern in dem von ihr gegründeten P. T. Institut den staatlich zertifizierten Fernlehrgang *Psychologie und Verhaltenstherapie der Katze* an. Seit 2008 gibt es diese Ausbildung auch für den Hund.
Das Angebot beinhaltet darüber hinaus eine Bach-Blütentherapie-Ausbildung sowie verschiedene Fernkurse. Außerdem gibt sie Seminare für interessierte Katzenhalter.

Nähere Informationen finden Sie unter
www.katzenpsychologie.com
oder
P. T. Institut
Telefon 02 08 / 3 77 38 92
info@katzenpsychologie.com